U0157309
爱健康｜爱生活
凤凰含章
Phoenix·HanZhang

含章·食在好健康系列

提升免疫力
这样吃就对了

生活新实用编辑部　编著

江苏凤凰科学技术出版社 · 南京

图书在版编目（CIP）数据

提升免疫力这样吃就对了 / 生活新实用编辑部编著
—南京:江苏凤凰科学技术出版社, 2024.2
（含章. 食在好健康系列）
ISBN 978-7-5713-3533-5

Ⅰ. ①提…　Ⅱ. ①生…　Ⅲ. ①保健－食谱　Ⅳ. ①TS972.161

中国国家版本馆CIP数据核字（2023）第080382号

含章·食在好健康系列
提升免疫力这样吃就对了

编　　著	生活新实用编辑部
责任编辑	汤景清
责任校对	仲　敏
责任监制	方　晨
出版发行	江苏凤凰科学技术出版社
出版社地址	南京市湖南路 1 号 A 楼，邮编：210009
出版社网址	http://www.pspress.cn
印　　刷	天津丰富彩艺印刷有限公司
开　　本	718 mm × 1 000 mm　1/16
印　　张	15.5
插　　页	4
字　　数	380 000
版　　次	2024年2月第1版
印　　次	2024年2月第1次印刷
标准书号	ISBN 978-7-5713-3533-5
定　　价	56.00元

图书如有印装质量问题，可随时向我社印务部调换。

目 录

第三章 吃对食材有效提升免疫力

水果类

十字花科类

根茎类

瓜类

五谷杂粮坚果类

水产、肉类

奶制品和醋

*本书食谱单位换算：

1杯（固体）≈250克 1杯（液体）≈250毫升

1大匙（固体）≈15克 1大匙（液体）≈15毫升

1小匙（固体）≈5克 1小匙（液体）≈5毫升

第一章　免疫力知识问答

什么是免疫力？

对外来有害物质产生的抵抗力，称为“免疫”

免疫系统维持身体平衡

医学上，人们将身体对外来有害物质所产生的抵抗力，称为“免疫”。长久以来，大众只是把“免疫”这个现象当成身体对外界入侵的微生物进行抵抗和排除。不过现代免疫学已经证实，人体内存在一组复杂的免疫系统，由免疫器官、免疫细胞和免疫分子组成。它的功能主要在于区别“自身”和“外来”成分，并排除“外来”成分，以维持身体内部平衡。

免疫系统会因功能失调，诱发免疫性疾病。免疫力低则容易受感染，容易诱发肿瘤。

接触各种病原体也能强化免疫系统

正常情况下，免疫系统会随着年纪的增长和接触各种病原体而成熟。日常生活中，人体会接触环境里的各种病原体，在接触病原体的过程中，不一定会有病征出现。大多数情况下，人体在接触病原体后，免疫系统会自动对这些病原体做出反应，进而对它们产生免疫力，完全没有病征出现。

这样的过程会使免疫系统慢慢变得“经验丰富”，有能力去应付各种病原体。

免疫系统是掌握人体健康的关键，但许多人对它的认识并不完全正确，反而盲目听信民间谣言，食用宣称可“增强免疫力”的中草药。殊不知，平衡的免疫力才是维持身体健康的重点。

免疫系统主要功能

免疫系统功能	说明
防止感染	遇到入侵的细菌或病毒，就立即予以杀灭
监控癌症	监视全身细胞活动，遇到不正常的癌细胞就立即予以杀灭
保持身体平衡	免疫系统、大脑神经和内分泌系统合作，维持身体平衡和健康

免疫系统是由什么组成的?

免疫组织和免疫细胞分工细密，各有其肩负的防卫功能

免疫系统是由免疫器官、免疫细胞、免疫分子所组成的精密防卫网路。免疫系统共有两道防线：先天免疫系统和后天免疫系统。

先天免疫系统——皮肤黏膜防卫系统、炎症反应

皮肤黏膜防卫系统：皮肤和黏膜，包括皮肤、鼻毛、唾液、胃酸等，是保护身体的第一道防线，能够排除外来的异物。

炎症反应：炎症反应是指组织受伤时所产生的反应。组织受伤时，一般会产生红、肿、热、痛四种反应。颗粒性白细胞、巨噬细胞接收到炎症信号的刺激后，会立即前去灭菌。

轻微的细菌感染，出动颗粒性白细胞、巨噬细胞即可；但对付较严重的细菌或病毒感染，须启动后天免疫系统。

后天免疫系统——抗原递呈细胞、T细胞、B细胞

抗原递呈细胞是先天免疫系统和后天免疫系统的桥梁，它们会将体内的病毒分解，并将残骸揭示于细胞表面；待辅助型T细胞察觉体内出现抗原后，便会释放“白介素”，并且通知B细胞制造抗体，以活化杀手型T细胞和自然杀伤细胞，启动后天免疫系统，增强杀敌功能。

人体中的防癌监控机制

人体内的自然杀伤细胞，会24小时不停巡逻，一旦发现“癌芽”细胞，就会立刻攻击和消灭，这也是免疫系统的主要功用。

免疫系统的成员

免疫系统	组成成员
免疫组织	骨髓、胸腺、脾脏、淋巴结、扁桃体、肠道
免疫细胞	❶ **颗粒性白细胞：**对付细菌，将细菌吞噬、分解、消灭 ❷ **单核细胞：**成长后变成巨噬细胞，吞食、分解病毒或癌细胞 ❸ **淋巴细胞：**T细胞（细胞性免疫）、B细胞（体液性免疫）、自然杀伤细胞 ● **杀手型T细胞：**把被病原体攻占的细胞和病原体一并杀死 ● **辅助型T细胞：**使巨噬细胞和杀手型T细胞活化，也可命令B细胞制造抗体 ● **抑制型T细胞：**抑制免疫系统过度活跃，避免过敏、自身免疫性疾病 ● **B细胞：**制造能捕捉抗原的抗体 ● **自然杀伤细胞：**在体内24小时巡逻，可单独杀死细菌和癌细胞

免疫力越强越好？

免疫力必须均衡，不当反易造成过敏反应和自身免疫性疾病

免疫力过强或太差皆对身体不利

免疫反应不当的增强，易使免疫细胞攻击自身细胞，进而导致过敏和自身免疫性疾病；免疫力太弱，易遭到细菌、病毒感染，且患癌概率较高。因此，体内要有良好的自我调节能力，让免疫力维持在平衡状态。

免疫系统正常运作才是健康保证

人体免疫系统除了协助防御外来异物，也会清除体内突变细胞，维持重要生理系统的健康。

非特异性免疫细胞只要辨识出非人体细胞或物质，就会将其吞噬。抗原递呈细胞，例如巨噬细胞等，则会将杀死的病原体显示给淋巴细胞，供淋巴细胞产生免疫记忆，以便同样的病毒再次入侵后被迅速清除，以保护身体健康。

这些复杂的环节，只要一部分出问题，就会影响全体。只有维持免疫系统平衡，才有利于人体健康。

正常免疫反应与过敏反应

正常免疫反应

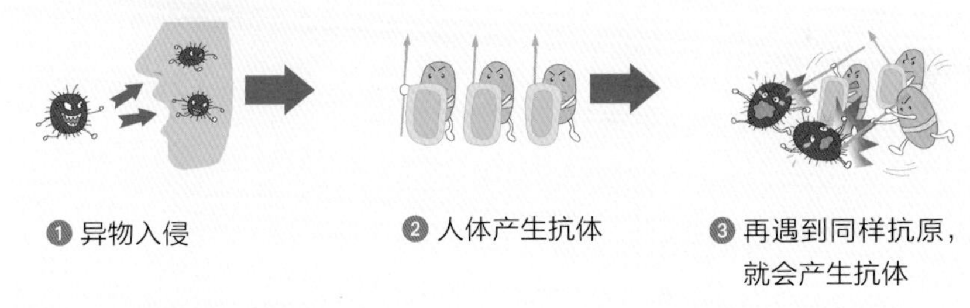

❶ 异物入侵　❷ 人体产生抗体　❸ 再遇到同样抗原，就会产生抗体

过敏反应

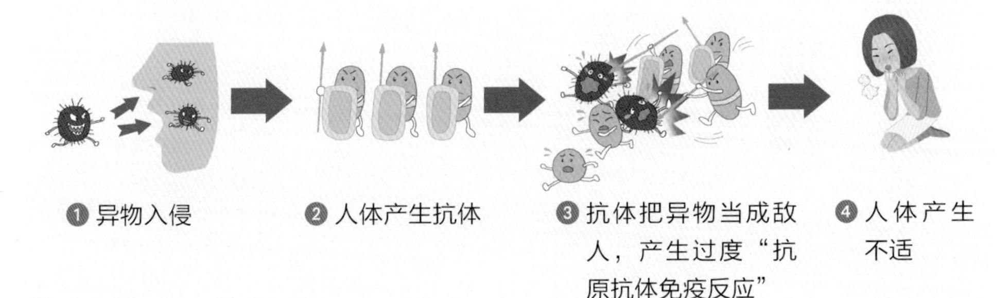

❶ 异物入侵　❷ 人体产生抗体　❸ 抗体把异物当成敌人，产生过度“抗原抗体免疫反应”　❹ 人体产生不适

免疫力和遗传有关吗？

免疫力下降的2个主因——年龄增加、遗传

医学界一致认为，年龄增加是让免疫力下降的最大原因，但这是无可避免的；另一个对免疫力有巨大影响且无法避免的因素是遗传，若父母罹患免疫系统相关疾病，如异位性皮肤炎，则孩子的发病概率也会相对增高。

免疫力、过敏体质皆源自遗传因素。有些人的遗传基因，使他接触到某些东西时，会产生过度的炎症反应；当他在成长过程中一直接触它，就会在体内产生持续的炎症反应。这种炎症反应不断累积直至“爆发”，就会产生所谓的“过敏”。

虽然免疫力和遗传有关，但遗传因素是不能改变的。我们所能做的，就是养成正确的饮食习惯和生活作息习惯，以维持免疫系统健康。

压力太大也会影响免疫力？

压力大时身体会分泌应急激素，抑制免疫系统发挥作用

根据研究资料显示，长期处于工作状态或是心理压力大的人群，会因压力导致身体自动分泌应急激素，明显抑制免疫系统的作用。如果不能适当补充营养成分，便容易患流行性感冒，以致身体感到不适。

压力大者、工作时间长者，不仅要找出释放压力的妙方，也要注意均衡摄取营养，以维持身体免疫系统的完整性，让微生物不易入侵，进而增强身体免疫力。

宣泄压力的方式有很多种，有人选择品尝美食、有人喜欢唱歌、有人看电影、有人从事户外运动、有人选择出国散心。还有相关研究建议：多交朋友是强化免疫功能的好方法。良好的社交关系，有助于自己对抗压力，减少应急激素影响免疫细胞功能。

但值得注意的是，和太多人往来，也可能会变成一种“社交压力”。不管选择的方法是哪一种，不勉强自己，用心面对自己，让自己开心最重要。

如何吃出免疫力？

只要逐步调整饮食习惯和内容，就可以提升免疫力

饮食习惯、饮食内容和免疫力息息相关。吃得正确，能让身体的“免疫大军”拥有充足战斗力。

摄取优质蛋白质

蛋白质是构成身体细胞的主要成分，免疫系统也需要它才能正常运作。每个人每天需进食足够的蛋白质。

优质动物性蛋白质来源：瘦肉、鸡肉、鱼肉（特别是含有ω-3不饱和脂肪酸的深海鱼，如三文鱼、金枪鱼等）、海鲜、低脂奶类、鸡蛋等。

植物性蛋白质来源：豆类和豆制品、坚果类等。

每天至少吃1碗五谷杂粮

粗糙、未精制加工的五谷杂粮，含B族维生素和多种矿物质。人体需要大量B族维生素，供应细胞进行再生、氧化和还原作用，尤其是维生素B_2、维生素B_5（又称泛酸）、维生素B_6和叶酸，这些都和维持细胞黏膜健康、制造抗体等免疫功能有关。

适量摄取菌菇类

菌菇类含多糖体成分，研究证实其可调节、提升免疫功能，也被视为抗癌的“明日之星”；同时能提高人体巨噬细胞吞噬细菌的战斗力，并增加自然杀伤细胞的数量和活性。

吃各种颜色的蔬果

一天至少要吃3种蔬菜、2种水果，种类越多越好。

深绿色叶菜类蔬菜：含B族维生素、维生素C、维生素E和各种矿物质，是保证免疫系统正常运作的必要养分。

红、橘或黄色蔬菜：如胡萝卜、彩椒、南瓜、红薯等，含大量β-胡萝卜素。β-胡萝卜素会在人体内转换成对提升免疫力有着重要作用的维生素A；人体如果长期缺乏维生素A，易造成免疫功能失调、抗体反应变差，B细胞和T细胞也无法正常运作。

每天吃1种富含维生素C的水果

维生素C会刺激身体制造干扰素（一种与免疫功能有关的物质），以破坏病毒结构；另外，维生素C也能帮助合成胶原蛋白，让细胞之间互相紧密聚在一起，减少外来细菌和病毒入侵的机会。番石榴、猕猴桃、木瓜、草莓、柑橘类水果等，皆含丰富的维生素C。

多吃大蒜、葱、洋葱

许多研究发现，大蒜中的含硫化合物可提高T细胞和巨噬细胞的活性，也会增加自然杀伤细胞的数量。所以不论生吃或熟食，每天吃2～3瓣大蒜，或半个洋葱、几节葱段，都能达到杀菌、预防感染和抗癌的效果。

脂肪摄取不过量

摄取太多脂肪，会抑制免疫系统功能。有些脂肪甚至会抑制淋巴细胞，减弱免疫系统的作用，如ω-6不饱和脂肪酸含量较高的蔬菜油（玉米油、黄豆油等），这类油脂易在高温烹调时氧化，产生攻击免疫细胞的自由基。

宜选用不饱和脂肪酸含量较多的油，如橄榄油、花生油。

甜食浅尝即可

单糖类（如葡萄糖、果糖）和甜食，会影响人体制造白细胞，也影响其活性，降低身体抵抗疾病的能力。研究报告指出，当人们吃下约100克的糖，白细胞抵抗疾病的能力就会下降50%以上。

营养学家建议，吃甜食一定要节制，饮料以白开水最好。若一开始无法适应没味道的白开水，还是尽量少喝含糖饮料；可喝不加糖的绿茶、花草茶、水果茶，一步一步慢慢调整。

视情况补充综合维生素

经常外食者容易出现饮食不均衡，必要时可补充复合维生素，剂量无须太高。各种维生素、矿物质不超过每日建议摄取量的100%～150%。

5大健康饮食标准

饮食标准	详细说明
吃的“时间”	❶ 定时、定量——饿了就吃，而非时间到了才吃 ❷ 吃宵夜，属于在不该吃的时间进食
吃的“顺序”	❶ 应先吃含膳食纤维多的食物，如水果、蔬菜、五谷饭，再吃鱼、肉、蛋类 ❷ 吃错顺序，容易导致胃肠炎，或其他消化系统疾病
吃的“组合”	❶ 过去很少吃的食物，现在开始尝试吃；过去常吃的食物，现在尽量少吃点 ❷ 最好1天摄取20～30种食物
吃的“速度”	❶ 细嚼可吃出食物香味，帮助食物在胃肠道消化 ❷ 吃太快容易导致肥胖、消化不良、胃肠炎、胃溃疡、十二指肠炎、肠胃吸收困难，或只吸收脂肪和热量
吃的“分量”	早餐吃得像国王，午餐吃得像富翁，晚餐吃得像乞丐

生活方式会影响免疫力吗？

适当调整生活习惯和作息，就能提高免疫力，免疫功能自然好

随着生活方式的不断改变和生活饮食慢慢西化，免疫系统出问题的人也越来越多。要维持免疫系统正常运作，“改善生活方式”也很重要。

“排”比“吃”重要

人体有4个“排出”管道，人体需要摄取充足的营养，排出不要的废物，才能维持身体健康。因此，宜养成固定的作息习惯和生活习惯，使身体代谢顺畅。

❶ **排汗：** 若要帮助排汗，最好在早上定时、定量运动，1周4次，每次快走30分钟就够。

❷ **排气：** 气有2组排出的管道：一是肠、胃，二是心、肺。活动可帮助通气，过度疲劳又会伤心、肺的气；肠、胃内的气要靠饮食来调节。

❸ **排尿：** 排尿可帮助体内排出废弃物，所以要多喝水帮助排尿；另外，可观察尿液的味道、颜色、速度、量、血丝、泡沫，以了解身体目前状况。

❹ **排便：** 粪便的积存将形成肠毒、宿便、痔疮，多喝水、多吃高膳食纤维食物可助排便。

“早睡早起”是健康定律

现代人白天忙碌，晚上难得放松，作息经常不正确，进而易导致多种慢性病，免疫力也因此降低。

如果无法早睡，只要隔天早上提前1小时起床，晚上提早1小时睡觉，逐步调整起床、入睡时间，就能养成良好的早起习惯。

持续运动

运动有助于提升免疫力。刚开始运动时，最好从5分钟快走、放慢1分钟，接着5分钟快走、放慢1分钟的方式开始，如此重复至运动够30分钟即可。

养成习惯后，就可以加长时间。快走时间可拉长为10分钟重复3次，直至达到30分钟的运动需要量。

适度休闲

压力过大容易引发许多神经官能症，许多压力是无形中累积出来的。现代人要有自我察觉的能力，适当舒压，以维持身体健康。

快走的最佳速度是什么？

理想的快走速度，是自己感觉有点喘，自己稍感流汗为宜。

哪些食物可以提升免疫力？

均衡摄取各类食物，是提升免疫力的最佳途径

天然食物是最好的医生

有些食物因含有特殊成分，提升免疫力功效较显著，常出现在提升免疫力明星食物排行榜中，如含吲哚的十字花科蔬菜，含多糖体的菌菇类。

基本上五谷杂粮、蔬果、肉类、坚果类、豆类和豆制品、水产海鲜等，这些我们经常接触的天然食物，对健康都有帮助。只要均衡摄取，就可提升人体免疫力。

垃圾食物会伤害免疫力

有些食物，只提供身体热量，无其他营养成分；有些食物提供的营养超过人体需求，变成多余成分。这些都是所谓的“垃圾食物”。

垃圾食物对身体健康无益，更是伤害免疫力的凶手。过量摄取，会降低身体免疫力，还会造成器官负担，导致许多慢性病。

全球10大垃圾食物

垃圾食物	对身体的影响
油炸类食品	导致心血管疾病，含致癌物质；还会破坏维生素，使蛋白质变性
腌制类食品	❶ 造成高血压，肾脏负担过重 ❷ 导致鼻咽癌，影响黏膜系统，容易使身体溃疡和发炎
加工肉类食品	含三大致癌物质之一的亚硝酸盐，有大量防腐剂
饼干类食品（不含低温烘烤和全麦饼干）	❶ 食用香精和色素过多，严重破坏维生素 ❷ 热量过多，其他营养成分含量低
汽水类饮品	❶ 含磷酸、碳酸，磷过多会妨碍钙的吸收，造成大量钙质流失 ❷ 含糖量过高，喝后有饱胀感，影响正餐
速食类食品（主要指泡面和膨化食品）	❶ 盐分过高，含防腐剂、香精 ❷ 只有热量，其他营养成分含量低
罐头类食品	破坏维生素，使蛋白质变性，热量过多，其他营养成分含量低
蜜饯类食品（果脯）	含三大致癌物质之一的亚硝酸盐；且盐分过高，含防腐剂、香精
甜品	含大量奶油，极易引起肥胖；含糖量过高
烧烤类食品	❶ 含大量三苯四丙烯（三大致癌物质之首） ❷ 导致蛋白质碳化变性，加重肾脏、肝脏负担

资料来源：世界卫生组织（WHO）

提升免疫力常见好食物一览表

食物名称	为什么能提升免疫力?
蔓越莓	含浓缩鞣酸，可防止细菌黏附于人体细胞上
木瓜	含蛋白酶，对细菌有抑制作用
甘蔗	含多糖类物质，具有免疫性，可抗病毒
枇杷	含多种膳食纤维、胡萝卜素，可提高人体免疫功能
梅子	能促进淋巴细胞转化，增强抗病能力
大白菜	含大量维生素C，可提高白细胞的吞噬功能，增强抵抗力
西蓝花	含有一种名叫“吲哚”的物质，可破坏致癌物质的生长条件，所以多吃西蓝花有助抗癌
菠菜	根具有抗菌作用
韭菜	含蒜素和硫化物，有杀菌作用
西红柿	含番茄碱，有抑制细菌的作用，并有消炎作用
刀豆	含多种球蛋白，可以促进淋巴细胞转变为淋巴母细胞，进而增强人体免疫力
黄豆芽	含干扰素诱生剂，能抵抗病毒感染，保护肺部
黑木耳	含多糖体，可增加体内球蛋白组织，进而增加抗体
银耳	可激发淋巴细胞转化、B细胞转化及T细胞的活性，进而增强人体免疫力，并可润肺止咳
香菇	含干扰素诱导素，可以促进干扰素的产生，增强人体抗病能力；而且菇类的多糖体可通过T淋巴细胞作用，调节身体免疫功能
猴头菇	提高T细胞的免疫力，进而增强身体免疫力
胡萝卜	富含胡萝卜素，在人体内可转换为维生素A，保护上皮组织健康，增强人体抗病能力，并有助于上呼吸道的保健
白萝卜	含纤维木质素，强化巨噬细胞吞噬细菌的能力
红薯	含大量黏液蛋白，可增强免疫力，保持呼吸道的润滑

竹笋	具有抑制细胞突变的功能，并且含有多糖体，可以抵抗病毒，增强人体免疫力
芦笋	能促进淋巴细胞转化且再生，是人体免疫功能的生物调节剂
荸荠	含抗菌物质——荸荠英，可抑制多种细菌
百合	可提高淋巴腺细胞转化率，提高人体免疫功能
苦瓜	含蛋白脂类物质，可刺激免疫细胞杀死体内不正常细胞
洋葱	含植物杀菌素，能杀灭致病细菌
葱	所含的挥发性液体，有杀菌作用
姜	含姜辣素、姜烯酮等多种挥发性物质，可以排出病菌产生的毒素
大蒜	蒜素和大蒜辣素，具有很好的杀菌和抑菌作用；大蒜中的挥发油等有效成分，可合成巨噬细胞，加强人体免疫力
茴香	含有茴香醚，有抗菌作用
薏苡仁	可增强人体免疫功能
糙米	具有抗氧化功能，能加强免疫细胞的功能
杏果、杏仁	能增强白细胞的吞噬能力，进而抑制病毒
章鱼	具有抗病毒作用
猪脚	含胶原蛋白，可增强身体抵抗力
鸡汤	含有特殊物质，可抑制细菌和病毒，防治呼吸道疾病
海带、海藻	所含的多糖类物质，可增强人体免疫力
紫菜	有抑制细胞突变的功能，并帮助人体对抗病毒
酸奶	提高免疫力，达到预防疾病的效果
羊奶	特殊的天然抗生素，可防治肺部及呼吸道疾病
茶叶	可调节呼吸系统的新陈代谢

第二章
如何有效提升免疫力

免疫系统，是精密而复杂的身体防卫系统。

若是功能低下，许多疾病会陆续上身；

但若功能过于强化，也会引发自身免疫性疾病。

只有对应个人体质、需求，调整饮食、生活习惯，

方可健康无忧，快乐生活。

免疫系统正常，才是健康王道

免疫力太弱易生病；免疫力太强会引发过敏、自身免疫性疾病

免疫系统就像人体的武装部队，担负着对抗细菌、病毒等入侵者的重大责任。若是部队兵力太弱，身体也易受入侵者影响而生病；兵力太强，则可能使免疫系统不分青红皂白地攻击身体正常细胞。因此，保持适当的免疫力，才能使身体常保健康。

免疫力有没有标准值？

有人认为，可通过抽血检测免疫细胞的数量和活性。一般体检检测的白细胞数量，可反映人体部分免疫力，但免疫力是由多种免疫器官、免疫细胞和免疫分子共同形成的网络，不能单就免疫细胞或白细胞的数量，来判断免疫力的强弱。

一般人无须紧张兮兮地上医院检测免疫力，只要多留意自己的身体状况，就能判断自己的免疫力是否正常。

白细胞数和免疫力的关系

白细胞数值高，表示身体有发炎、感染的现象；白细胞数值低，表示防御系统差，要小心身体被细菌、病毒攻击。许多因素会影响白细胞数值，如剧烈运动后、吸烟、怀孕等，单凭抽血检查并不能判断免疫力好坏。

免疫力太弱易患哪些疾病？

免疫力太弱的人，就像身体缺少打仗的勇士，只要外敌入侵就会兵败如山倒，轻则感冒不断，重则慢性病、癌症缠身。

❶ 感冒

流感病毒经患者打喷嚏后，会在空气中盘旋，伺机进入人体内。如果人体免疫力的保护伞足够强大，就能立刻消灭流感病毒；若是免疫力薄弱，病毒就会趁虚而入，并迅速繁殖，导致产生咳嗽、流鼻涕、发热等症状。

❷ 鹅口疮

鹅口疮也是免疫力降低时常发生的疾病，是由白色念珠球菌引起的，会在口腔内形成白色的假膜。感染部位虽

小，疼痛感却往往令人难以忍受，且会严重影响食欲。

❸ 癌症

高居十大死因排行榜首位的癌症，也和免疫力息息相关。当人体免疫细胞功能长时间无法正常运作时，便无法发觉体内变异的癌细胞，让癌细胞得以生长繁殖，形成肿瘤。

癌症患者接受治疗后，免疫力也会大幅降低，故接受癌症治疗的患者必须定期监控白细胞数量，并减少出入公共场合的时间；或在接触人群时做好保护措施，以免发生感染，增加病情的复杂性。

免疫力太强会患哪些疾病?

强大的免疫力，固然可以保护身体不受外界病菌影响；但若免疫细胞反应过度，对身体的伤害更大。

❶ 过度反应

免疫力异常时，免疫细胞易对外来的病毒过度反应，导致症状加重，例如感染乙型肝炎的年轻人，可能因为免疫细胞较活跃，不止消灭乙型肝炎病毒，也连带破坏肝细胞，进而导致“爆发性肝炎”；相比之下，儿童因为免疫力较弱，对乙型肝炎病毒的反应不强烈，有时甚至会忽略肝炎病毒，成为乙型肝炎病毒携带者。

❷ 过敏

另一种免疫力异常导致的常见问题，就是过敏。有些人会对环境之中的特定物质产生过强的免疫反应，使身体释放出组胺，引起皮肤发痒、流鼻涕、打喷嚏、支气管收缩等过敏反应。

❸ 自身免疫性疾病

免疫系统产生异常时，免疫细胞容易敌我不分，伤害身体里的正常细胞：攻击关节时，会引发类风湿性关节炎；攻击肾脏时，就会引发自身免疫性肾病；其他还有强直性脊柱炎、红斑狼疮等，都是免疫系统紊乱导致的疾病。

由此可知，免疫力不是越强越好，免疫系统正常运作，才是真正的健康。

降低免疫力的危险因子

不良生活习惯会伤害免疫力

从小处着手，调节免疫力

每天的食欲好不好，摄取的营养够不够，睡眠的时段对不对，有没有运动，烟、酒、咖啡有没有摄入过量，衣、食、住、行各方面的生活习惯等，都是影响免疫力运作的关键。

别小看生活上的小细节，人体的免疫系统出了问题，最重要的是调节免疫力，而调节免疫力必须在生活中落实。培养正确的生活习惯，免疫力才会正常、不失控。

避免营养不均、应酬喝酒

除贫穷的国家外，已经很少有人出现因营养不良导致免疫力不足的情况。但现代人生活节奏繁忙，也常忽略均衡饮食的重要性。“外食”是造成饮食失调的主因之一，外食偏油、偏咸，且以肉类为主，不仅对肠胃造成负担，也会影响免疫细胞发挥功能。

此外，许多上班族免不了应酬，而某些地区的饮酒习惯是豪饮，过量的酒精摄入会影响肝脏和胰脏的功能，进而减弱免疫力。

别让化学洗涤剂残留在衣物上

衣物沾染汗水、污渍后会滋生细菌，尤其是夏天的贴身衣物，更要注意及时清洁消毒。

特别提醒，免疫力较弱的患者或婴幼儿，若接触到残留化学洗涤剂的衣物，身体可能会产生不良反应。最好避免选择含香精、色素、酒精等添加物的洗涤剂。

太舒适的生活易埋下病根

人体的正常温度为36~37℃，体温过高会感到不适，体温过低时新陈代谢会减缓，免疫力也会下降。因此不要一进室内就开冷气，以免温差过大造成着凉。

中医认为，出汗过量会伤津液、伤元气；不出汗则容易散热不良，使体内火气过盛，进而导致中暑。长期待在空调房内，没有机会排汗，对身体不好。冷气不是不能吹，但要适量吹。

冷气容易“吹出”哪些问题？

1. 影响身体排汗功能
2. 加速身体水分流失
3. 降低身体的免疫力
4. 影响身体调节体温的能力

睡得不好，免疫力也不佳

睡眠品质不佳或时间不足，也会影响免疫细胞生成。身体感觉疲惫就是一种警讯，此时让身体有足够时间休养生息，就能再生更多免疫细胞。

减少接触环境中的污染源

环境中的污染源几乎无所不在，粉尘、噪声、水污染、辐射等都在不知不觉中“蚕食”每个人的健康，体内毒素累积越多，排毒器官的负担就越重，身体健康状态也会越来越差。

空气中的粉尘，对免疫力较差的人来说更具有威胁性。免疫力低下者接触过多粉尘，易引起呼吸道疾病。

压力过大也会降低免疫力

经常处于过大压力下的人，易缺乏适量的运动，睡眠品质也不佳，这些都会导致免疫力下降。

免疫细胞长期处在高压状态下，也会出现疲态，导致对病毒的攻击力减弱。压力甚至会抑制免疫细胞生成，导致免疫力降低。

拒绝滥用抗生素

大部分的疾病，主要由两种病菌所造成，即病毒和细菌。感染病毒时，身体唯一的武器是由白细胞制造抗体来对抗，在抗体尚未制造出来前，身体对病毒毫无招架能力，专门对抗细菌的抗生素也无法帮上忙；感染细菌时，身体会派出免疫系统中的白细胞及白细胞所制造的抗体来抵抗，若抵挡不住，可使用抗生素等药物杀死或抑制细菌生长。

医学研究发现，人体的免疫系统有时会选择帮助对人体内有益的细菌菌种生长，来消灭其他对人体较有害的细菌。使用抗生素，虽可大范围地消灭有害菌，但也消灭了体内的有益菌，长此以往，身体的防御功能将越来越差。

另外，经常使用抗生素，更会让细菌变异、演化出对抗抗生素的方法，即所谓“抗药性”，最终陷入药量越用越多、身体却越来越差的恶性循环中。

不滥用抗生素，适当地让身体自行对抗细菌，使免疫力获得锻炼和提高，才是正确的态度和观念。

8个提升免疫力的小秘诀

1. 均衡饮食
2. 减少待在空调房内的时间
3. 适量且规律的运动
4. 保持轻松愉快的心情
5. 注意保暖
6. 远离污染源
7. 睡眠充足
8. 合理、正确地使用抗生素

营养成分和免疫力的亲密关系

补充营养，均衡饮食，免疫力倍增

均衡饮食就能轻松吃出免疫力。如果还是不放心，可参考下列说明，检查自己饮食中是否缺乏能增强免疫力的营养成分，并且尽快调整饮食习惯，让自己拥有强大的免疫力。

蛋白质：细胞的主要成分

蛋白质是所有细胞的主要成分，白细胞和淋巴细胞当然也不例外，缺乏蛋白质会影响免疫细胞生成，导致人体免疫功能下降。现代人蛋白质摄取来源丰富，可多选择鸡肉、牛奶、鸡蛋等人体吸收率较高的优质蛋白质。

B族维生素有助减压

B族维生素能促进其他营养成分吸收，加速人体新陈代谢，其中的维生素B_1可使人情绪平稳，帮助疏解紧张和焦躁；维生素B_2能维持神经细胞稳定，有助身体减压；维生素B_6能使情绪安稳，舒缓由压力引起的紧张状态；泛酸能促使人体分泌对抗压力的激素，也有助于舒缓紧张的情绪、消除精神疲劳；维生素B_{12}对调节神经组织代谢有帮助，可消除烦躁不安的情绪。只要缺乏任何一种B族维生素，都会影响人体正常的生化作用；长期缺乏B族维生素，则将导致慢性病的发生。

维生素C：破坏入侵病毒

维生素C是最有名的抗氧化营养成分，也是预防感冒最有效的营养成分，能消灭体内自由基，铲除受病毒感染的细胞，增强免疫力，使身体免受病毒侵害。

维生素E：排毒、解毒

维生素E可阻止自由基破坏人体，并进一步促进身体排毒、解毒，使身体保持活力，增强身体免疫力。

胡萝卜素：扫除自由基

α-胡萝卜素、β-胡萝卜素、γ-胡萝卜素是抗氧化的重要成员，能对抗自由基，保护细胞，且不像脂溶性维生素，易因摄取过量而产生不良反应。

硒：助维生素E清理自由基

硒是著名的抗氧化成分，和维生素E相互配合，可减缓因氧化造成的细胞老化；且能调节免疫力，降低生病概率。

锌：促进胸腺功能

锌可维持胸腺功能运作正常，分泌足够的免疫细胞，适量补充可以调节身体免疫力；锌也能促进人体内部、外部伤口愈合，降低伤口感染的概率。

蒜素：强力杀菌营养成分

蒜素是大蒜臭味的来源，具有极佳的杀菌能力；且能增加体内免疫细胞的数量，不仅能有效预防感冒，也有助于远离癌症的威胁。

食物和营养成分对照表

营养成分	主要摄取食物来源
蛋白质	黄豆、鱼、肉类、鸡蛋、牛奶
B族维生素	小麦、坚果类、杏仁、玉米、豆类、香蕉、肉类、奶酪
维生素C	柑橘、柠檬、草莓、西红柿、猕猴桃、圆白菜、芹菜
维生素E	坚果类、豆类、西红柿、南瓜、芦笋、鸡蛋
胡萝卜素	胡萝卜、南瓜、红薯、菠菜、杧果、木瓜
硒	全麦制品、洋葱、西红柿、鸡肉、动物肝脏、牛奶、蛋黄
锌	全麦制品、核桃、洋菇、芝麻、海鲜、牛奶、鸡蛋
蒜素	大蒜

均衡饮食金字塔

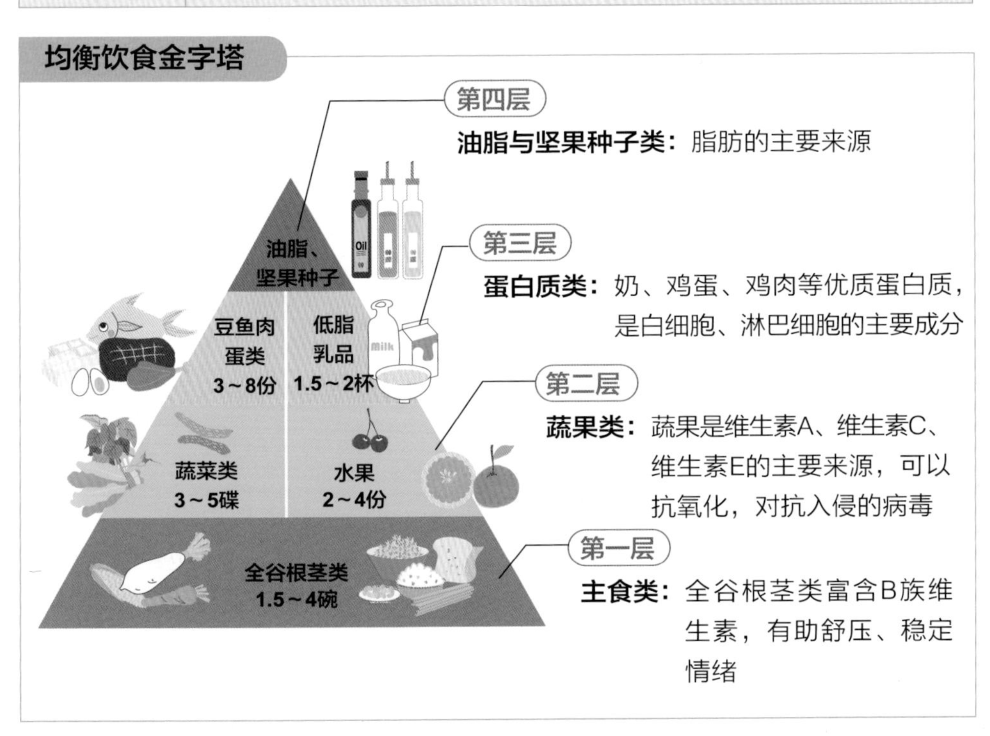

上班族免疫力增强法

放轻松、多运动、多吃蔬果

青壮年和中年，是上班族的主要人群。通常来说，这两大人群的身体状态应不会太差，但事实上有些上班族经常小病不断，有些上班族总觉得疲惫不堪，大部分上班族则认为自己的免疫力须再加强。

在了解“如何提升免疫力”之前，先让我们看看上班族面临哪些危机，才使得身体的免疫力越来越差。

危机❶ 局限于密闭空间

除特定的工作内容，多数上班族工作的环境都属于密闭的冷气办公室，如果抵抗力过低，只要空气中存在病毒或细菌，很容易就会感冒；撑着病体上班时，感冒引发的流涕、打喷嚏、咳嗽，不仅会大大影响工作效率，患者也会成为传染源，将感冒传染给同事。

危机❷ 缺乏运动

上班族的活动范围多局限在家庭和办公室之间，在办公室里也局限在狭小的办公范围内，运动量较学生时期减少许多，新陈代谢也因而变得缓慢。长久下来，身体代谢废物、毒素的效率变低，免疫力也容易随之下降。

危机❸ 营养不均的外食习惯

经常外食的上班族，容易吃得过多、过油、过咸，外食的餐点中又多以肉类为主，蔬菜水果的摄取量往往不足；加上吃饭时间紧凑，常常狼吞虎咽地解决一餐，或是无法定时用餐，肠胃消化功能因不良饮食习惯大受影响，容易导致营养不均衡的情况。

危机❹ 沉重的工作压力

上班族沉重的工作压力，也是使免疫力降低的因素之一。人只要持续处于紧张的情绪下，就容易造成血液循环不良；且为了对抗压力，人体会分泌肾上腺素，使血压上升，肌肉收缩，同时也会抑制抗体形成，进而削弱免疫力。

危机❺ 接触传染病的概率高

如果是必须往返国内外的上班族，对免疫力的伤害更是雪上加霜。这类人群不仅压力大于其他上班族，频繁与外界接触，更增加罹患传染病的概率。

“如何提升免疫力”是工作繁忙的上班族关心且常问的健康问题。提升免疫力真的一点都不难，从小地方开始做些调整，一段时间后，就会有明显的效果。

增强免疫力秘诀❶ 多运动

如今，有些上班族流行骑自行车上班，到公司后只要简单梳洗、换一套衣服，就可以神清气爽地开始工作，既能够省下交通费，还可以达到强身健体的效果。

乘坐公交的上班族，也不妨在上班时提早一站下车，再快步走到办公室，让新的一天有个活力的开场。回家时也可提早一站下车，缓步走回家，沉淀一天忙碌的思绪，好好放松自己。走路过程中，可以加大手部的动作，趁机舒展筋骨。

上班时，可以趁着到茶水间或洗手间的空档，简单地伸展一下身体，不管是甩手、抬脚还是转脖子，都能让淤塞的血液得到疏通。

爱上运动你要这样做

培养运动习惯之初，一定要把握“适合自己”和“自己喜欢”两大原则。不要因为某种运动正流行而刻意选择，也不要因为某种运动效果似乎特别好而勉强选择。带着好心情运动，运动效果会更好，运动习惯才能一直维持下去。

增强免疫力秘诀❷ 聪明吃

选择外食的餐厅时，尽量选择菜色较多变，烹调方式较简单、较不油腻者；每天记得要多吃水果，若真的不方便去菜市场购买水果，也可以到便利店买小包装的水果。

增强免疫力秘诀❸ 多喝水

吃进肚子里的营养需靠水协助，才能运送至全身；代谢后的废物也得靠水才能顺利排出。且上班族压力较大，每天又要面对电脑等高辐射的科技产品，一定要饮用足够的水分，才能将体内毒素排出。

增强免疫力秘诀❹ 放轻松

压力是损害免疫力的“最大杀手”，再忙碌的人也应尽量避免将工作带回家，让自己在睡前有一段放空的时间，以缓解白天的压力。夜晚彻底放松休息，白天才能精神饱满地面对更多挑战。

另外，适时利用假期慰劳自己，无论是在国内或到国外游玩，或只是待在家里，都要避免打开电脑处理公事。休假时仍处于神经紧绷的状态，即使假期再长，舒解压力的效果也有限。

女性免疫力增强法

不同阶段的女性，提升免疫力的方法也不一样

女性的身体，一生中随着激素的变化，会有各种不同的生理阶段，大致上可分为青春期、怀孕哺乳期和更年期三个阶段。

青春期

女性的青春期约从11岁开始，此时身高和体重会急剧增加，生理开始出现第二性征，同时变得更加注意自己的外貌形象。

由于身体正快速发育，很多母亲会炖补品给孩子吃，希望帮助孩子良好发育，顺利度过生理期。但注意，若一味地进补，忽略体质的调节，可能影响孩子免疫系统的正常运作，反而补出一身问题。

另一方面，爱美的女孩子为了减肥而节食，不仅容易影响发育，也容易造成免疫力低下。

除了均衡饮食，青春期少女若特别注意两种营养成分的补充，就能有效增强抵抗力。生理期来潮的因素，使得青春期少女容易流失铁质，造成易疲倦、无法集中精神等问题，因此含铁质的食物要多吃；钙质的补充也不能马虎，摄取充足的钙，有助于骨骼发育成长，也能帮助卵巢功能良好发育。

另外，需要特别提醒的是，有些青春期少女经常熬夜看书，或者上网聊天，让身体无法获得充足的休息，无形中也使得免疫力下降。如果睡眠充足，不仅能防止免疫力降低，也能避免脸上长出青春痘的潜在危机。

青春期增强抵抗力秘诀——
补充铁、钙，睡眠充足

怀孕和哺乳期

孕期的女性身体会直接影响胎儿的健康。如果不慎感冒，治疗时也需较一般人小心用药，才不会对胎儿造成伤害。

因此，孕妇的免疫力更加重要，如果能调养好母体，让准妈妈健康度过此时期，对婴幼儿相对来说也较健康。

怀孕和哺乳期的妇女，是“一人吃两人补”，任何一种营养成分都不能缺乏，否则可能会影响胎儿或婴儿的正常发育。有些妇女担忧怀孕会影响身材，其实只要遵守少油、少盐、少食、多餐的原则，就能保障胎儿的健康和保持自己的身材。

再者，哺喂母乳是消耗热量的最佳方式。适当控制饮食，加上哺喂母乳，就能快速恢复窈窕身材，切勿一味为了减肥，而牺牲母体和婴幼儿的抵抗力。

有些女性在产前、产后，会因为身材走样，或照顾新生儿而心情低落。郁闷的情绪也会影响免疫细胞的活力，此时，产妇的家人应多给予支持与鼓励，增加产妇自信，让产妇有充分休息的机会。

孕哺期增强抵抗力秘诀——营养均衡，心情放轻松

更年期

更年期阶段，女性体内的激素平衡因雌激素减少而逐渐失调，并引发热潮红、月经紊乱、失眠、阴道干涩等不适症状。

在年龄和激素改变的双重影响下，更年期女性的免疫力很容易急速下滑，经常引发泌尿道发炎、阴道发炎等不适现象。中年女性想要安然地度过更年期，适当调节免疫力必不可少。

更年期妇女的生理功能在各方面已逐渐走下坡，更需注意摄取均衡的营养；多食用高纤维食物，同时减少油脂、盐分和糖分的摄取；并养成多喝水的好习惯，以避免便秘，也能维护免疫系统的健康。

在生活方面，更年期妇女可多做简易轻松的运动，例如走路或爬楼梯，通过增加肺活量，改善自身体质；也要找到自己的生活重心，以避免空巢期带来的抑郁、失落感。

更年期增强抵抗力秘诀——高纤维饮食、多做运动

各阶段女性增强免疫力的方法

时期	生理变化	增强免疫力的方法
青春期	①开始出现第二性征 ②第一次月经来潮 ③身高、体重急剧增加	①补充钙、铁 ②睡眠充足
怀孕和哺乳期	①激素变化 ②母体必须供给胎儿营养	①营养均衡 ②家人支持 ③保持愉快的情绪
更年期	①激素变化引发的更年期不适症状 ②骨质快速流失 ③身体功能开始衰退	①除了均衡营养，还要多摄取膳食纤维 ②多做户外运动 ③找到自己的生活重心

儿童免疫力增强法

多样、均衡的营养最重要

儿童时期是一生中发育最快速的阶段。入学之后，儿童每天要消耗的体力和脑力更是惊人，因此对于营养的需求非常全面且质量高。

此阶段，不仅要补充足够的热量，还需均衡摄取各类营养成分，以帮助儿童健康成长，保证智力和体格健康发展。希望儿童免疫系统健康强壮，爸爸妈妈一定要好好把握以下几个关键时期。

抵抗力不足却身处团体中

2～5岁学龄前儿童：身体的免疫系统、消化系统尚未发育成熟，此时的免疫力最脆弱，很容易受到流感病毒的侵袭。

然而，现代父母工作忙碌，往往在此时将幼儿送进幼儿园。幼儿既无充足的抵抗力，又不懂得保护自己。常见幼儿园里，只要有一名幼儿感冒，就会在班上造成大流行。

6～12岁学龄期儿童：正值快速成长的时期，每天在学校消耗大量体力和脑力。如果课后又到兴趣班补习，体力透支加上课业压力，很容易影响他们的免疫力。

营养均衡就能增强抵抗力

儿童发育时期，需要全面、均衡的营养成分。下列营养成分，对增强儿童免疫力更重要。

蛋白质：是构成细胞的重要元素，为儿童生长发育最不可或缺的营养成分。缺乏蛋白质，不仅会影响免疫力，严重者还会导致发育不良。

维生素A、维生素C、维生素E：这三种营养成分所组成的“抗氧化大军”，能消除自由基，保护并修复身体细胞，是提高儿童抵抗力的“大功臣”。

B族维生素：可促进抗体和红细胞生成，并维持体内正常的新陈代谢，还能抵抗传染病。

硒、锌：能增加免疫细胞的活性，同时能修复细胞。摄取充足的硒和锌，还可以预防感冒。

铁：可以促进红细胞生成，避免贫血，增强儿童的抵抗力。

善用巧思，补足所需营养

此阶段的小孩容易偏食，有些母亲担心儿童因偏食而影响发育，特别为孩子购买保健食品补充营养。

专家特别提醒，不同年龄层的儿童有不同的需要。如果未正确使用保健食品，反而容易造成儿童提前发育、性早熟等问题。

据报道，有位小女孩的母亲担心小女孩长不高，每天给她吃五六颗儿童钙片（每颗300毫克）。小女孩一天摄取的钙质高达1800毫克，已是同龄孩童建议摄取量的3倍之多。幸好半年后因故就医，主治医生发现此状况，并强烈告诫这位母亲别再让小女孩吃钙片。若再晚点发现，小女孩的生长和智力发育将受到不良影响。

其实只要花一点心思，就可以在日常饮食中找出让饮食均衡的方法，以最天然的食物为孩子的健康加分。

儿童提升免疫力关键

1. 要补充营养，但不依赖保健食品
2. 要有充足的睡眠，但不日夜颠倒
3. 要参加户外活动，但不要流汗后吹风
4. 要运动，但不要剧烈运动

方法❶ 找出替代食材：例如孩子讨厌胡萝卜特殊的腥味，但胡萝卜富含β-胡萝卜素，能促进胸腺的免疫细胞生长，那么可选择木瓜、南瓜、红薯等食材代替。

方法❷ 烹调方式多变化：例如先打成果汁，再做成可爱的胡萝卜果冻；或在饼干、面包中加入胡萝卜汁调味，就能让孩子轻松接受。

多睡多动，促进发育

充足的睡眠，是促进儿童身体发育的重要条件。睡眠不足，除了会造成儿童情绪波动，影响学习能力外，还会导致儿童发胖。睡眠也可以帮助儿童放松身心，让体内细胞有机会休息修复。

适度运动，强健体格

多参加户外活动，也是增强儿童免疫力的方法之一。经常呼吸新鲜空气，多晒太阳，能使身体合成维生素D，促进钙质吸收，有助于儿童骨骼发育、增强体力。不过，户外活动结束后，需要尽快将汗水擦干，更换衣服，以免吹风而着凉。

值得注意的是：应避免过早让儿童做太剧烈的活动，如长跑、倒立等，以免儿童感到疲倦、注意力无法集中，甚至产生反应减慢、失眠、健忘等不良影响。

老年人免疫力增强法

活动筋骨，延年益寿

老年人的生理状况，在各方面都会慢慢走下坡路，免疫力也会随年龄增长逐渐减弱，这是一种无法避免且正常的现象。我们只能延缓衰老的速度，尽可能维持老年人的生活品质。

伤害免疫力的危险因子

年龄是老年人免疫力下降的最主要因素，但营养不良、活动力变差，也会严重削弱老年人的抵抗力。

❶ 营养不良、口味改变

老年人由于唾液分泌减少，咀嚼力和味觉敏锐度也在逐渐降低，常偏好精制、重口味的食物；再加上肠道蠕动功能变差，吸收率减弱，所以容易营养不良；重口味的食物也易提高罹患慢性疾病的概率。

❷ 活动力低下

老年人肢体灵活度变差，有些老年人害怕摔倒，于是足不出户，久而久之，四肢肌肉无力的情况便越来越严重，全身更容易觉得有气无力。活动力低下的另一个问题就是肥胖，身体重量越重，四肢支撑得越吃力，也就更不愿意活动，如此一来，就形成恶性循环。

❸ 骨质疏松症

由于钙质大量流失，老年人大多有骨质疏松症，很容易发生骨折，或骨头变形等问题。只要骨骼一出现问题，就可能引发连锁效应，例如行动不便、社交减少（拒绝和他人互动）等，身体状况也容易急转直下。

❹ 心情郁闷

未和子女同住的老年人，缺少含饴弄孙的乐趣，如果没有培养兴趣爱好，久而久之，心情就会越来越郁闷；同时，因为很少与他人互动，神经系统也会逐渐退化，而容易引发阿尔茨海默病。

4大抗老秘诀

❶ 每周进行3次缓和运动，每次30分钟～1小时

❷ 培养良好生活习惯，不吸烟、不酗酒、不熬夜、不过度日晒

❸ 通过旅游、按摩或泡澡舒缓压力，减轻焦躁感

❹ 注意控制热量的摄取，维持理想体重

轻松增强老年人免疫力

老年人只要接受适当的照顾，即使不能像年轻时一样健步如飞，但还是能享有一定的生活品质。

❶ 补充抗氧化的营养成分

老年人可多食用坚果类食物，除了咀嚼动作能延缓脑部衰老，坚果类中富含的维生素E，也能增强体内的抗氧化力，降低罹患慢性病的概率。

蔬果、菌菇类也相当适合老年人食用。蔬果中的维生素A、维生素C是优良的抗氧化成分，能消除体内的自由基，延缓细胞老化速度；菌菇类中的多糖体能活化体内的免疫细胞，但因嘌呤含量较高，痛风患者应酌量食用。

❷ 保持心情愉悦

愉悦的心情，能促进免疫细胞增生，因此鼓励老年人多外出游玩，不仅有助于预防神经系统退化，振奋老年人的心情，还能提升免疫力。

❸ 适当摄取保健食品

摄取保健食品也可以加强抵抗力。软骨素中的蛋白质，除能提升免疫力外，也能缓解关节疼痛，有助于维持骨骼的灵活度；乳酸菌则能改善肠胃消化功能，促进营养吸收，间接增强人体抵抗力。

❹ 选择和缓的运动

老年人只要避免激烈的运动，也能享受运动的乐趣和好处，例如饭后固定散步30分钟，同样能维持心血管系统的功能、促进新陈代谢、增加肺活量、减缓衰老速度；而且养成运动的习惯，也能稳定情绪、帮助睡眠，在各方面都对增强老年人的免疫力有极大帮助。

❺ 注射流行性感冒疫苗

老年人抵抗力较弱，在感冒季节来临时，也可至诊所或医院注射流感疫苗，以增强抵抗力，避免感染病毒。

提升老年人免疫力

危害免疫力的因素	提升免疫力的对策
牙齿动摇、唾液分泌量减少、消化系统功能退化，导致营养失调	❶ 练习咀嚼坚果类食物 ❷ 不因咬不动，就只吃流质食物或偏食
身体功能下降，免疫力减弱	❶ 摄取含抗氧化营养成分、多糖体的食材 ❷ 注射流感疫苗
四肢活动力变差，骨质流失	❶ 从事缓和的运动 ❷ 补充钙质、软骨素
心情郁闷	多和友人一同出游；家人多抽空陪伴老年人

第三章
吃对食材有效提升免疫力

体力差、四肢无力、面色不佳，
别人感冒，您也一定会被传染，
小心！这些都是缺乏免疫力的征兆，
长此以往，将会百病丛生。
本章推荐的食物，有助您提升免疫力。

水果类

新鲜水果含大量水分和糖类，能生津止渴，提供身体能量；水果中的膳食纤维能刺激肠道蠕动，帮助排出身体废物；水果中的维生素、矿物质和抗氧化物质，能维持身体各器官的运作，增加抵抗力，降低生病概率。

要获得最全面的营养，最好直接吃新鲜水果。因为水果打成汁后，膳食纤维易受到破坏，养分很容易受到光、温度、酶等的破坏，所以，直接吃水果比喝果汁更健康。

提示 美容养颜，增强人体抗病能力

桃子

提升免疫有效成分

B族维生素、维生素C、钾、锌

食疗功效

疏经活血

止咳化痰

- 别名：蜜桃、桃
- 性味：性温，味酸、甘
- 营养成分：

维生素A、维生素B1、维生素B2、维生素B6、维生素C、维生素E、维生素H、叶酸、膳食纤维、钙、铁、磷、钾、铜、镁、锌、糖类、蛋白质、胡萝卜素

○ 适用者：普通人、缺铁者 ✗ 不适用者：消化不良者、体质燥热者、糖尿病患者等

桃子为什么能提升免疫力？

1 现代医学证实，桃子可降胆固醇，提高人体免疫功能，增进食欲，帮助消化。

2 桃子能促进血液循环，抗氧化，增加人体对抗疾病的能力，常吃能益胃生津、美容养颜、对抗衰老、预防牙龈出血和维生素C缺乏症。

桃子主要营养成分

1 桃子含有蛋白质、膳食纤维、B族维生素、维生素C、钙、磷、铁、钾、钠、铜、镁、锌、硒、糖类、胡萝卜素等成分。

2 桃子中的蛋白质含量比梨高，铁含量比苹果高。

桃子食疗效果

1 桃子钾含量高，钾可降低高血压的发生率，强化肌力和肌耐力。

2 桃子含丰富的铁、维生素C，能增加人体血红蛋白数量，具有补血功效，特别适合缺铁性贫血患者食用。

3 桃子富含果胶和膳食纤维，可帮助胃肠蠕动，清除肠壁有害物质，具有预防宿便、肠癌的作用。

4 桃子除果肉能养血美颜，果核中的桃仁还有活血化瘀、平喘止咳的作用。中医的五仁汤便含有桃仁，可润肠通便、活血通经，对于大便燥结、肝热血淤和闭经之人特别有帮助。

桃子保存食用方法

1 桃子不宜久放，稍微碰撞即容易腐烂。保存于室温下即可，选购桃子时宜挑选较成熟者。

2 桃子除鲜食外，还可加工成桃子干、桃子酱、桃子汁和桃子罐头。

桃子饮食宜忌

1 桃子性温，味酸、甘，过食容易上火，体质燥热者不宜多吃。

2 桃子膳食纤维含量高，肠胃功能不佳者、老人和小孩食用过量，非常容易导致消化不良。

3 桃子含糖量高，每100克桃子中含糖分7克，糖尿病患者应注意适量食用。

提示 缓解风湿性关节炎，保护人体组织

草莓

提升免疫有效成分

膳食纤维、维生素A、维生素C

食疗功效

消炎止痛
延缓衰老

● 别名：洋莓、红莓

● 性味：性凉，味甘

● 营养成分：

蛋白质、脂肪、糖类、膳食纤维、维生素A、维生素B_1、维生素B_2、维生素B_6、维生素C、叶酸、钙、铁、磷、钾、柠檬酸、苹果酸

○ 适用者：一般人、腰酸背痛者 ✗ 不适用者：体质寒凉者、生理期女性及肾结石患者等

草莓为什么能提升免疫力?

1 草莓里含有一种天然物质，可保护人体组织和细胞不受致癌物质伤害，有提高人体抗癌能力的作用。

2 草莓含天冬氨酸，可以强化人体免疫系统，提高体力和耐力，并能帮助消除对人体有害的物质。

草莓主要营养成分

1 草莓主要含膳食纤维、脂肪、糖类、蛋白质、泛酸、烟酸、钙、铁、磷、钾等营养成分。

2 草莓还含维生素A、维生素B_1、维生素B_2、维生素B_6、维生素C、叶酸、柠檬酸、苹果酸等营养成分。

3 草莓中的维生素C含量极高，比柳橙高。

草莓食疗效果

1 草莓富含钾。适量摄取钾，可维持心脏、肾脏、神经系统和消化系统的正常运作，且能帮助体液平衡，消除多余水分。

2 草莓含丰富的维生素C，经常食用可防治维生素C缺乏症，对预防牙龈出血亦有帮助。

3 草莓含多酚类成分，有抗发炎和抗氧化功效，可缓解风湿性关节炎、坐骨神经痛、腰酸背痛等症状。

4 草莓还含丰富的铁。女性多吃草莓，可以防治缺铁性贫血，并使脸色红润。

草莓保存和食用方法

1 草莓除鲜食外，也常被做成果酱、果汁、冰激凌、西点、饼干等。

2 新鲜草莓含水量高容易腐坏，为了保鲜，宜以纸箱或有洞的保鲜盒装好，直接放进冰箱冷藏，可放置3~5天。

3 草莓皮薄且表面多籽，农药较易残留，食用前，务必仔细放在流动清水下清洗；或可选购温室栽培、没有喷洒农药的草莓，以确保食用安全。

草莓饮食宜忌

1 草莓性凉，生理期女性和肠胃虚寒者、腹泻者不宜多食。

2 草莓含草酸钙，尿道结石或肾结石患者不宜多吃。

草莓薏苡仁酸奶

1人份

强化免疫力＋抑制致癌物

材料：

草莓10颗，薏苡仁20克，低脂原味酸奶1杯，冷开水240毫升

做法：

1. 薏苡仁洗净，浸泡水中约3小时。
2. 电饭锅内放入薏苡仁和冷开水，按下开关，煮至开关跳起（可前一晚先煮好，放于冰箱冷藏备用）。
3. 将草莓洗净，放入碗中。
4. 最后在草莓上加入酸奶和薏苡仁，拌匀后即可食用。

提升免疫功效

酸奶富含乳酸菌，可帮助肠道将致癌物排出体外。医学实验发现，乳酸菌可激发人体内免疫细胞活性，有助于预防癌症。

莓果柠檬蜜

1人份

排除乳酸＋帮助消化

材料：

草莓300克，柠檬汁30毫升，冷开水120毫升

调味料：

蜂蜜3大匙

做法：

1. 将草莓洗干净、去蒂，放入果汁机中，加入冷开水打成汁。
2. 在草莓汁中加入柠檬汁混匀。
3. 加入蜂蜜，调匀即可饮用。

提升免疫功效

草莓和柠檬中的维生素C有助于恢复体力，并加速排除血液中乳酸；同时能增强人体抵抗力，有助于消化，使排便更顺畅。

提示 防止尿道感染，提升免疫力

蔓越莓

提升免疫有效成分

B族维生素、维生素C、花青素、多酚类

食疗功效

预防尿道炎
降低胆固醇

● **别名：** 小红莓、越橘

● **性味：** 性平，味酸、甘

● **营养成分：**
蛋白质、糖类、膳食纤维、B族维生素、维生素C、维生素E、槲皮素、花青素、多酚类、绿原酸、没食子酸、儿茶素、鞣花酸

○ **适用者：** 普通人、女性　✗ **不适用者：** 消化不良者

蔓越莓为什么能提升免疫力?

1 蔓越莓含有丰富的抗氧化成分，可延缓人体衰老，帮助恢复随年龄而减弱的协调力和记忆力。

2 蔓越莓富含抗氧化剂和植物营养成分，可对抗心脏病、癌症和其他多种疾病，具有提升免疫力的功效。

3 蔓越莓中的花青素、生育三烯醇等成分，具有极佳的抗氧化作用，可避免低密度胆固醇氧化，进而降低动脉硬化对人体所造成的伤害；蔓越莓不仅可预防泌尿道感染，还具有预防心血管疾病的功能。

4 研究指出，蔓越莓含有一种高分子的物质——NDM，可防止造成牙菌斑和牙周病的细菌产生。

蔓越莓主要营养成分

蔓越莓主要营养成分有B族维生素、维生素C、膳食纤维、糖类、蛋白质、槲皮素、花青素、多酚类、绿原酸、没食子酸、儿茶素、鞣花酸等营养成分。

蔓越莓食疗效果

1 研究指出，经常饮用蔓越莓汁，有助预防某些产生抗药性细菌所导致的泌尿道感染。

2 蔓越莓中含一种浓缩鞣酸成分，可防治病菌黏着或依附在肠道、尿道组织上，除对预防妇女尿道感染十分有效外，还可避免大肠杆菌在肠道内繁殖生长。

蔓越莓食用方法

1 除了食用蔓越莓干，市面上的蔓越莓果汁亦具预防泌尿道感染的功效。

2 蔓越莓果干除可当零食吃之外，还能用于制作西点面包、饼干或甜点。

蔓越莓饮食宜忌

1 每天规律饮用蔓越莓汁，可明显降低尿道中细菌含量，也可减少使用治疗泌尿道感染的抗生素。

2 蔓越莓具有干扰肝脏代谢凝血剂的作用，服用抗凝血剂者不宜食用蔓越莓及相关食品。

橙香蔓越莓沙拉

养颜＋抑制坏细胞

材料：

柳橙1个，生菜5片，圣女果、蔓越莓各20克，白芝麻适量

调味料：

意式沙拉酱3大匙

做法：

❶ 柳橙去皮、去籽，切片；圣女果切半；生菜洗净撕成块。

❷ 大碗内依序铺上生菜块、柳橙片、圣女果和蔓越莓。

❸ 淋上意式沙拉酱，撒上白芝麻，即可食用。

提升免疫功效

柳橙含柚苷素，能抑制坏细胞生长；圣女果和柳橙含维生素C，可清除多余的过氧化物；蔓越莓含花青素，能抑制细胞病变。

蔓越莓拌莲藕

抗氧化＋保护细胞

材料：

莲藕175克，蔓越莓果干75克，蔓越莓果汁1杯，葱丝若干

做法：

❶ 莲藕洗净，切薄片，用沸水汆烫后冲冷开水，盛盘。

❷ 蔓越莓果汁和果干倒入锅中，以小火煮10分钟，做成蔓越莓酱汁。

❸ 把蔓越莓酱汁淋在莲藕片上，撒上葱丝即可食用。

提升免疫功效

蔓越莓含花青素，具有抗氧化作用，能避免细胞遭受自由基的侵害；花青素和莲藕中的维生素C，都有增强人体免疫力的作用。

 激发体内抑癌基因活力，缓解眼睛干涩症状

桑葚

提升免疫有效成分

花青素、维生素C、胡萝卜素

食疗功效

改善失眠
帮助造血

- **别名：** 桑果、桑葚子
- **性味：** 性寒，味甘
- **营养成分：** 蛋白质、脂肪、糖类、膳食纤维、鞣花酸、苹果酸、花青素、胡萝卜素、钙、铁、磷、钾、钠、维生素A、维生素B_1、维生素B_2、维生素C、维生素D

○ **适用者：** 一般人和贫血、易掉发者　✗ **不适用者：** 体质虚寒者、经常腹泻者

桑葚为什么能提升免疫力？

1 桑葚含花青素，有提高细胞免疫力、促进淋巴细胞转化的作用，可促进免疫球蛋白增生，强化吞噬细胞的活性，提升人体抗病能力。

2 桑葚含多种氨基酸和微量元素，常吃能提高人体免疫功能和调节新陈代谢。

3 桑葚中含有白藜芦醇的成分，能刺激体内某些基因抑制癌细胞生长；也可阻止致癌物质所引起的细胞突变。

4 夏季炎热或劳动过度引起的中暑，或尿液减少、小便不利，可多吃桑葚来改善症状；桑葚对热性咳嗽、流浓涕的改善亦有帮助。

桑葚主要营养成分

桑葚含多种氨基酸、葡萄糖、果糖、鞣花酸、苹果酸、花青素、胡萝卜素、膳食纤维、钙、铁、磷、钾、钠、维生素A、维生素B_1、维生素B_2、维生素C、维生素D等营养成分。

桑葚食疗效果

1 桑葚富含维生素A。经常食用，可以明目，缓解眼睛疲劳干涩的症状。女性经常吃桑葚，可使眼睛明亮有神，还能美容养颜。

2 桑葚中铁和维生素C含量高，可帮助造血，妇女产后或血虚体弱者适合吃桑葚；神经衰弱、罹患失眠症等气血虚弱者，食用桑葚也大有益处。

桑葚选购、保存和食用方法

1 新鲜成熟的桑葚，味道酸甜多汁，除现采现吃外，亦可腌制成蜜饯，制作果酱、桑葚醋、桑葚酒或甜点。

2 挑选桑葚，宜选择完全成熟饱满、色泽黑亮、无霉烂、无虫咬者为佳。用保鲜盒装好，放进冰箱中冷藏，可以保鲜约1周。

桑葚饮食宜忌

1 桑葚性寒、味甘，具有润肠通便、明耳目、乌发的作用，特别适合便秘、贫血、掉发脱发、失眠者食用。

2 桑葚性寒，体质虚寒、经常腹泻者不宜多吃。

桑葚蔬果沙拉

帮助排便+预防大肠癌

材料：

西红柿100克，魔芋60克，桑葚、芹菜、小黄瓜各50克，大蒜2瓣

调味料：

橄榄油、酱油、醋各1大匙，白糖1小匙，盐少许

做法：

1. 将大蒜之外的材料洗净，切块，放入盐水中浸泡备用。
2. 将魔芋块、芹菜块放入沸水中烫熟后，取出。
3. 大蒜切末，和所有调味料拌匀成酱汁。
4. 将全部材料放进大碗内，加入调味酱汁搅拌均匀后，即可食用。

提升免疫功效

桑葚中的白藜芦醇，能使气管上皮细胞释放消炎物质，提升对支气管疾病的免疫力；魔芋含膳食纤维，有助排便，预防肠癌。

桑葚燕麦粥

活化吞噬细胞+提升抵抗力

材料：

糯米135克，新鲜桑葚40克，燕麦片30克

调味料：

冰糖2小匙

做法：

1. 所有材料洗净；糯米放入锅中，加1 200毫升水，以小火熬煮成粥。
2. 加冰糖拌匀，再加燕麦片焖熟即可。
3. 盛碗，撒上桑葚即可食用。

提升免疫功效

桑葚含花青素，具有促进淋巴细胞转化的作用，增强吞噬细胞的活性；燕麦中的β-葡聚糖，也可以增强巨噬细胞的活性。

提示 增强体内抗体的作用，增进食欲

柳橙

提升免疫有效成分

B族维生素、维生素C、类黄酮素

食疗功效

增进食欲
防治感冒

● **别名：** 柳丁、橙

● **性味：** 性平，味甘、酸

● **营养成分：** 糖类、维生素A、B族维生素、维生素C、胡萝卜素、钙、钾、磷、钠、苹果酸、柠檬酸、膳食纤维

○ **适用者：** 普通人、易感冒者　✗ **不适用者：** 胃虚弱者、肾功能不全者

柳橙为什么能提升免疫力?

1 柳橙含大量的维生素C，具有调节免疫系统的功效，能增强白细胞吞噬细菌的能力，是有效的抗氧化物，可抵抗病毒对人体的侵害。

2 柳橙含有膳食纤维和胶质，能帮助清除体内毒素，减少人体胆固醇和废物的囤积，有效维持肠道健康，增强身体抵抗疾病的能力。

柳橙主要营养成分

1 柳橙中含有丰富的糖类、膳食纤维、苹果酸、柠檬酸、胡萝卜素、果胶、类黄酮素等营养成分。

2 柳橙中的维生素A、维生素B_1、维生素B_2、维生素B_6、维生素C、钙、磷、钾、钠等营养成分含量也很丰富。

柳橙食疗效果

1 柳橙中的柠檬酸，可帮助分解脂肪，并能增进食欲。

2 柳橙皮含挥发油和苦橙素，具有杀菌的作用，可健胃整肠、防治感冒。

3 柳橙中丰富的B族维生素，可促进体内抗体、白细胞的生成，并能促进神经系统的正常运作；缺乏B族维生素，会影响淋巴细胞的数量，以及抗体的产生。多吃柳橙可以补充B族维生素。

4 柳橙果皮中的类黄酮素、微量元素，具有抗氧化的效果，可增强免疫力，对减少胆固醇、内脏脂肪有帮助。

柳橙食用方法

1 柳橙食用方式有两种，一般是切片直接鲜食，或榨汁后饮用。

2 如果是将整个柳橙连皮一起榨汁，应先将橙皮刷洗干净再使用，因为皮上的保鲜剂对人体健康有害。

3 选择柳橙时，要挑果皮光滑、果体有重量和皮具有硬度者，口感最佳，味道香甜。

柳橙饮食宜忌

1 柳橙的钾含量高，肾功能不全的人应忌食。

2 食用柳橙前后，请勿饮用牛奶，以免蛋白质和果酸作用，影响人体消化、吸收。

橙香鸡柳

排除毒素+提升免疫力

材料：

鸡胸肉150克，柳橙原汁60毫升

调味料：

橄榄油、酱油、白糖、米酒各1小匙，水淀粉2大匙

做法：

1. 鸡胸肉洗净，切成条状，用酱油、白糖和米酒腌渍。
2. 热油锅，加入鸡肉条、柳橙原汁和60毫升水，均匀翻炒，再加水淀粉勾芡即可。

提升免疫功效

柳橙中丰富的维生素C，可清除多余的过氧化物，提高免疫力；鸡肉所含的优质蛋白，为人体免疫球蛋白的制造原料。

香橙拌红甘

清除自由基+强化免疫系统

材料：

柳橙1个，红甘鱼厚片25克

调味料：

沙拉酱1大匙

做法：

1. 柳橙洗净去皮、去籽，只取果肉部分，切成块状；红甘鱼肉切块，放入沸水中汆烫后取出，备用。
2. 将柳橙块放入碗中，拌入红甘鱼肉块，加入沙拉酱拌匀，即可食用。

提升免疫功效

柳橙中的维生素C和类黄酮素，能协同去除自由基的侵害，抑制细胞突变；红甘鱼肉含有人体所必需的氨基酸，可强化免疫系统功能。

提示 健脾顺气，含类黄酮素，可防癌抗菌

橘子

提升免疫有效成分
膳食纤维、维生素、有机酸、钾

食疗功效
预防癌症
保护血管

- **别名：** 橘、柑
- **性味：** 性平，味甘、酸
- **营养成分：** 糖类、膳食纤维、有机酸、维生素A、B族维生素、维生素C、维生素E、钠、钾、镁、锌、类黄酮素、果胶

○ **适用者：** 普通人、体质燥热者　✗ **不适用者：** 肠胃功能欠佳者

橘子为什么能提升免疫力?

1 橘子含有较高的抗氧化剂成分，可增强人体免疫力，分解致癌物质，降低其毒性，并可抑制和阻断癌细胞的生长。

2 橘子富含膳食纤维和钾，有利于增进胃肠蠕动，并排除多余的水分和废物，对于维持肠道健康、增强抵抗力十分有帮助。

橘子主要营养成分

1 橘子所含营养成分，主要有膳食纤维、糖类、有机酸、钠、钾、镁、锌、类黄酮素、果胶等。

2 橘子还含有维生素A、B族维生素、维生素C、维生素E等营养成分。

橘子食疗效果

1 经常吃橘子，可维持身体功能正常运作。橘子所含的天然维生素C，比化学维生素C锭剂更容易被人体吸收，且能帮助其他营养成分的转化和利用。

2 橘子皮含类黄酮素成分，可预防癌症，并具有抗菌的效果。

3 橘子含有较多的维生素A、胡萝卜素，能帮助维持眼睛健康。对于发育中的儿童和上班族来说，是保护视力的健康水果。

4 橘子含有维生素A、维生素E、柠檬酸等，对于强化毛细血管，去除囤积在体内的乳酸，消除疲劳，都能产生良好的作用。

5 中医认为，橘子具润肺、止咳、化痰、健脾、顺气等功效，是适合老年人、急慢性支气管炎和心血管疾病患者食用的上乘果品。

橘子选购和食用方法

1 吃橘子连同果肉白膜、橘肉和白色丝状络一起吃，可帮助消化。

2 选购橘子以果形匀称、果皮清洁光滑、果体富弹性、蒂柄粗、无虫咬，且拿在手中有重量感者为佳。

橘子饮食宜忌

橘子含有果酸成分，吃完应立即刷牙漱口，以免对口腔、牙齿健康造成伤害。

蜂蜜橘香酸奶

抗氧化排毒+增强免疫力

材料：

橘子200克，低脂酸奶250毫升，冰块适量

调味料：

蜂蜜1大匙

做法：

1. 橘子剥皮，去籽。
2. 将橘子肉、酸奶和蜂蜜倒入果汁机中搅打均匀。
3. 打开盖子，加入冰块继续搅打后，即可盛杯饮用。

提升免疫功效

橘子含维生素C、膳食纤维和类黄酮素化合物；维生素C和膳食纤维可抗氧化、去除肠道废物；类黄酮素化合物能抗癌、增强免疫力。

橘香蜜茶

防癌抗菌+提振精神

材料：

橘子1个

调味料：

蜂蜜1小匙

做法：

1. 橘子洗干净，取皮，剥成小块。
2. 将橘皮、250毫升热开水倒入杯中，盖上杯盖，闷泡约5分钟。
3. 再加入蜂蜜拌匀，即可饮用。

提升免疫功效

橘子含有类黄酮素成分，可避免自由基对身体造成伤害，提升人体免疫力；柠檬酸能强化毛细血管，清除乳酸，提振精神。

提示 降低血液中胆固醇，增加体内有益菌

苹果

提升免疫有效成分
膳食纤维、
维生素A、维生素C

食疗功效
预防高血压
提高免疫力

- **别名：** 林檎、频婆
- **性味：** 性平，味酸、甘
- **营养成分：**
糖类、脂肪、蛋白质、B族维生素、维生素C、钙、镁、钾、铁、柠檬酸、苹果酸、膳食纤维、果胶

○ **适用者：** 普通人、减重者　✗ **不适用者：** 容易胃胀者、胃溃疡患者

苹果为什么能提升免疫力？

1 苹果所含的有机酸类物质，可以加速新陈代谢，使体内的毒素顺畅排出，对于提升免疫力和维持健康甚有帮助。

2 苹果富含多酚类和黄酮类化合物，是天然的抗氧化剂，具有防癌之效；苹果中的氨基酸，可消除疲劳，提高抵抗力。

3 苹果所含的糖类，能增加体内的有益菌，提高人体免疫力。

苹果主要营养成分

1 苹果含糖类、脂肪、蛋白质、维生素B_1、维生素B_2、维生素C、胡萝卜素、烟酸、钙、磷、铁、钾等营养成分。

2 苹果另含多种有机酸，如苹果酸、鞣酸、奎宁酸、柠檬酸、酒石酸，以及膳食纤维、果胶等营养成分。

苹果食疗效果

1 苹果含果胶成分，能吸收肠道内多余的水分，有助于增加粪便体积，改善便秘。

2 苹果含有大量的膳食纤维和钾，能降低血液中的胆固醇，抑制血糖上升，对预防动脉硬化、糖尿病、大肠癌、高血压等病症颇有成效。

3 苹果中的钾，可帮助排除体内多余的水分和盐分，有助于缓解高血压和其他心血管疾病的症状。

苹果食用方法

1 苹果削皮之后和空气接触一会儿就会变色，可泡在柠檬水或淡盐水里，以防止果肉氧化变色。

2 吃苹果要连皮一起吃，因为苹果中有将近一半的维生素C，分布在紧贴果皮的部位。

苹果饮食宜忌

1 胃溃疡患者不宜生吃苹果，因苹果质地较硬，再加上粗纤维和有机酸的刺激，容易使溃疡情况加重。

2 吃苹果容易产生饱足感，又能帮助新陈代谢，且热量很低，减重者可多吃。

枇杷银耳鲜肉汤

保护免疫细胞＋帮助消化

材料：

猪瘦肉75克，干银耳5克，枇杷6颗，苹果1个

调味料：

盐1/2小匙

做法：

1. 枇杷去皮和核，苹果去皮和核，分别切块。
2. 干银耳用冷水泡开后，洗净去蒂，并切片；猪瘦肉用沸水汆烫。
3. 750毫升水煮沸，放入所有材料，大火煮1分钟后转小火，续煮15分钟。
4. 加盐调味后，即可熄火。

提升免疫功效

苹果所含的苹果多酚，能抑制自由基对免疫细胞造成伤害，增强人体的免疫力；枇杷可增进食欲，帮助消化，促进营养吸收。

苹果咖喱

协助抗体形成＋抗氧化

材料：

苹果300克，洋葱20克，土豆、胡萝卜各40克

调味料：

橄榄油1小匙，咖喱1/4小块

做法：

1. 所有材料洗净；苹果切块；土豆、胡萝卜去皮切块；洋葱切片。
2. 热油锅，爆香洋葱片，加入苹果块、土豆块、胡萝卜块略炒。
3. 最后加水和咖喱块煮熟即可。

提升免疫功效

苹果含多酚类和黄酮类化合物，是天然的抗氧化剂，能防止免疫细胞氧化；咖喱中的姜黄素能促进细胞形成抗体，加强防御功能。

提示 抗氧化，对淋巴性白血病有疗效

木瓜

提升免疫有效成分

维生素A、维生素C、胡萝卜素

食疗功效

帮助消化
产后催乳

- **别名：** 番瓜、番木瓜
- **性味：** 性微寒，味甘
- **营养成分：** 蛋白质、脂肪、糖类、膳食纤维、维生素A、维生素B_1、维生素B_2、维生素C、维生素E、钙、磷、铁、钾、钠、锌、番茄红素、β-胡萝卜素、木瓜蛋白酶

○ **适用者：** 一般体质者　✗ **不适用者：** 孕妇

木瓜为什么能提升免疫力?

1 木瓜含有大量胡萝卜素和其他植化素，有助于抗氧化，增强人体抵抗力。常吃木瓜可预防便秘，提高免疫力。

2 木瓜含木瓜碱，有抗肿瘤的作用，对淋巴性白血病有强烈的抗癌活性。

3 木瓜含抗氧化的维生素A、β-胡萝卜素、番茄红素，可抑制癌细胞生成。

木瓜主要营养成分

1 木瓜含蛋白质、脂肪、糖类、膳食纤维、维生素A、维生素B_1、维生素B_2、维生素C、维生素E、钙、磷、铁、钾、钠、锌、木瓜碱、凝乳酶、有机酸、番茄红素、β-胡萝卜素和木瓜蛋白酶等营养成分。

2 木瓜中的维生素A比西瓜、香蕉多，维生素C含量比苹果高。

木瓜食疗效果

1 木瓜含丰富的维生素A，可帮助眼睛适应光线的变化，维持在黑暗光线下的视觉感触度；又可保护皮肤、黏膜的健康，并有益于牙齿和骨骼的生长、发育。

2 熟木瓜去皮，蒸熟后加蜜糖食用，可治肺燥咳嗽；生木瓜榨汁或晒干研粉食用，可驱虫。

3 木瓜富含蛋白质分解酶，具有抗金黄色葡萄球菌、大肠杆菌、绿脓杆菌、痢疾杆菌等作用。

4 木瓜含凝乳酶，能分解脂肪；木瓜酶有助于蛋白质消化，调节胰岛素分泌，对糖尿病患者有益。

木瓜选购和食用方法

1 选购木瓜要选果皮细致光滑，绿中带黄，果肉厚，颜色橙黄或鲜红者，以肉质细软、糖分高、气味芳香者为上品。

2 木瓜多鲜食。青木瓜常用来炖排骨汤，是民间流传的丰胸圣品，也适合需要哺乳的产后妇女食用，具有催乳的作用。

木瓜饮食宜忌

1 木瓜有收缩子宫作用，怀孕妇女不宜多吃。但木瓜对哺乳的母亲有催乳作用。

2 木瓜含丰富的酶，不可吃太多，以免肠蠕动和排泄加快，反而加重消化系统的负担。

木瓜排骨汤

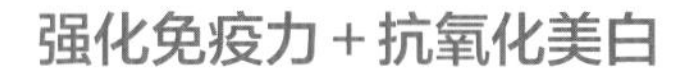

材料：

排骨220克，青木瓜1个，辣椒2根，姜3片

调味料：

米酒2大匙，盐2小匙

做法：

❶ 青木瓜去皮，切块；辣椒洗净切丝。

❷ 排骨洗净，放入沸水中汆烫，取出剁块备用。

❸ 锅中加300毫升水煮沸，加入米酒、盐和姜片，再放入排骨块，以大火煮沸。

❹ 改成小火将排骨块炖烂，最后加入青木瓜块、辣椒丝煮熟，即可食用。

提升免疫功效

木瓜富含类胡萝卜素，是极佳的抗氧化物；木瓜特殊的植物蛋白质，能促进免疫细胞增生；木瓜中的酶有助于软化皮肤角质，具有美白功效。

雪耳炖木瓜

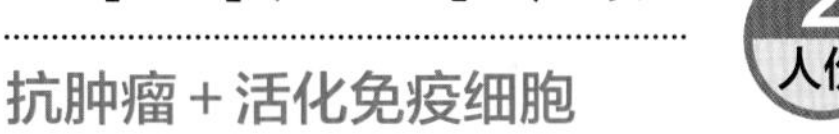

材料：

木瓜200克，杏仁50克，干银耳10克

调味料：

冰糖1大匙

做法：

❶ 所有材料洗净；木瓜切块；干银耳泡水，去蒂，沥干。

❷ 银耳、木瓜块和杏仁倒入炖盅内，加750毫升水，盖上盖子，隔水炖煮2小时。

❸ 最后加冰糖调味，即可食用。

提升免疫功效

木瓜含木瓜碱，有抗肿瘤的作用，对淋巴性白血病细胞有强烈的抗癌活性；银耳中的多糖体能促进B淋巴细胞转化。

提示 抑制流感病毒，预防动脉硬化

杧果

提升免疫有效成分

膳食纤维、维生素A、维生素C

食疗功效

益胃止呕
保护眼睛

● **别名：** 檬果、楾仔

● **性味：** 性凉，味甘、酸

● **营养成分：** 糖类、蛋白质、粗纤维、维生素A、B族维生素、维生素C、维生素E、钙、铁、磷、钾、钠、铜、镁、锌、硒、胡萝卜素

○ **适用者：** 普通人、易便秘者　✗ **不适用者：** 过敏体质者、肾炎患者、皮肤病患者

杧果为什么能提升免疫力?

1 杧果营养成分相当高，尤其富含膳食纤维、特殊植化素成分，对于增强人体抵抗力、排除体内毒素很有帮助。

2 杧果中的维生素C含量高于一般水果。常吃杧果，可补充维生素C，并降低心血管疾病的发生率，预防流行性感冒。

4 杧果果实含杧果酮酸、异杧果醇酸等三醋酸和多酚类化合物，除了具有防癌功效外，同时能有效防止动脉硬化、高血压等症。

5 杧果含丰富的β-胡萝卜素，可转化成维生素A，帮助呼吸道等黏膜组织发育正常，并且具有保护眼睛、预防癌症的作用。

杧果主要营养成分

1 杧果主要含有糖类、蛋白质、粗纤维、维生素A、维生素B_1、维生素B_2、维生素B_6、维生素C、维生素E、叶酸、钙、铁、磷、钾、钠、铜、镁、锌、胡萝卜素等营养成分。

2 杧果所含的维生素A含量特别高，其维生素C含量也很丰富。

杧果食疗效果

1 中医认为杧果性凉，味甘、酸，有益胃止呕、生津解渴、止晕眩等功效。

2 杧果中含大量的膳食纤维，可以促进排便，对于防治便秘具有一定的疗效。

3 杧果未成熟的果实、树皮、叶，可抑制绿脓球菌、大肠杆菌和流感病毒的繁殖。

杧果选购和食用方法

1 选购杧果，以色泽鲜艳、表皮无斑点、果体硬挺、无虫咬瑕疵，且拿在手中有重量感者为佳。

2 杧果的过敏原为间苯二酚类的物质，在成熟过程中会消退，建议挑选杧果时以成熟者为佳。将果皮剥除后再吃，可避免皮肤过敏。

杧果饮食宜忌

1 罹患急性或慢性肾炎的患者，应忌食杧果。

2 杧果含有某些过敏原，过敏体质者、皮肤病患者要谨慎食用。

香杧鸡柳

保护淋巴细胞＋降低血压

材料：

杧果100克，鸡胸肉75克，青椒、红椒各30克

调味料：

橄榄油、米酒各1小匙，盐、香油各1/4小匙

做法：

1. 所有材料洗净；杧果去皮切粗条；青椒、红椒切细条；鸡胸肉切成条状，用沸水汆烫。
2. 热油锅，加入所有材料，翻炒至香味溢出。
3. 最后加盐、香油和米酒，炒至入味，即可熄火起锅。

提升免疫功效

杧果含杧果酮酸、异杧果醇酸，可提升人体免疫力，也能防止动脉硬化和高血压；红椒中的番茄红素，可以保护淋巴细胞。

杧果芦荟酸奶

清肠排毒＋提升免疫力

材料：

杧果（大）1个，低脂酸奶2瓶，芦荟叶1片

调味料：

蜂蜜适量

做法：

1. 杧果去皮、去核，切块。
2. 将芦荟叶去皮，取出果肉放入果汁机中，加入杧果块、酸奶和蜂蜜，均匀打成果汁，即可饮用。

提升免疫功效

酸奶是通过牛奶中的乳糖，以特殊乳酸菌种发酵的饮品，有助于肠道排出有毒物质，提升肠道免疫力，增强自我保健功能。

提示 降低胆固醇，保护正常细胞组织功能

猕猴桃

提升免疫有效成分

氨基酸、维生素C、膳食纤维

食疗功效

健脑助眠
美容养颜

● 别名：奇异果、毛桃

● 性味：性寒，味甘、酸

● 营养成分：

蛋白质、脂肪、糖类、维生素A、维生素B_1、维生素B_2、维生素B_6、维生素C、维生素E、维生素H、叶酸、泛酸、膳食纤维、有机酸、蛋白酶、钙、铁、磷、钾、钠

○ 适用者：普通人　✗ 不适用者：1岁以下婴幼儿、对猕猴桃过敏者

猕猴桃为什么能提升免疫力?

1 猕猴桃含大量膳食纤维，能促进肠道蠕动，帮助消化并排除有害物质，具有提升人体免疫力的作用。

2 猕猴桃富含维生素C，可减缓老化速度，提高抵抗力，维持血管弹性，辅助铁质吸收；能降低感冒、心脏病和癌症的发生率 。

猕猴桃主要营养成分

1 猕猴桃含有蛋白质、脂肪、糖类、维生素A、维生素B_1、维生素B_2、维生素B_6、维生素C、维生素E、维生素H、叶酸、泛酸、膳食纤维、有机酸、蛋白酶、钙、铁、磷、钾、钠、铜、镁、锌、硒、胡萝卜素等营养成分。

2 猕猴桃含丰富的维生素C，被称为“维生素C之王”。

猕猴桃食疗效果

1 猕猴桃含有丰富的肌醇、血清素、氨基酸，可以稳定情绪，有助于减轻抑郁的症状。

2 食用猕猴桃可防治心血管疾病、尿道结石、肝炎等，也可以降低血脂、防治高血压等病症。

3 猕猴桃含叶黄素，可预防肺癌、前列腺癌；叶黄素亦可累积于视网膜中，防止眼睛发生斑状剥落的现象，保护视力。

4 猕猴桃含丰富的叶黄素，可保护细胞膜免受自由基的伤害。如果缺乏叶黄素，就会导致老化性视网膜黄斑病变、失明、白内障、散光、老花眼、假性近视、眼睛疲劳等疾病。

5 猕猴桃含大量的膳食纤维，能促进肠道蠕动，帮助消化并排除体内有害物质，适合长期便秘者食用。

6 猕猴桃低钠高钾，并含有可避免血管阻塞的精氨酸，故常吃猕猴桃，能有效降低心脏病、高血压等疾病的发生率。

7 猕猴桃含镁，有助于骨骼生长发育、能量代谢和维持神经系统的正常功能。

8 猕猴桃含有能分解蛋白质的酶。若吃太多肉类而引起腹胀，建议吃1个猕猴桃缓解不适。

猕猴桃选购和食用方法

1 挑选猕猴桃时，以果实表面茸毛整齐、完整无伤、外皮自然散发光泽，且无斑点、蒂头呈鲜嫩的颜色、果实稍具弹性者为上品。

2 猕猴桃外皮茸毛会刺激喉咙，引起咳嗽，所以在食用时需注意不要吃到皮。

猕猴桃饮食宜忌

1 猕猴桃属寒性食物，火气大、常熬夜或嘴角皲裂者，可以吃些猕猴桃降火气。

2 食用猕猴桃后，最好不要立即食用牛奶或其他乳制品。因猕猴桃中的维生素C会和乳制品中的蛋白质作用，凝结成块，影响消化吸收，造成腹胀、腹痛等。

3 脾胃虚寒的人不可多吃猕猴桃，否则容易造成腹泻。

4 猕猴桃含有会引发过敏原的蛋白质，可能导致口腔有发麻、刺痛或痒的过敏反应。1岁以下婴幼儿、对猕猴桃过敏者不宜食用。

什锦水果鸡片

保护细胞＋提升免疫力

材料：

鸡胸肉300克，猕猴桃100克，樱桃3颗

调味料：

橄榄油2小匙，米酒1大匙，盐、淀粉各1/2小匙

做法：

1. 将盐、米酒、淀粉和75毫升水调匀，备用。
2. 鸡胸肉洗净切成薄片，用已经调匀的料汁腌渍10分钟。
3. 猕猴桃和樱桃洗净。猕猴桃去皮取果肉、切薄片，樱桃去核、切薄片。
4. 热油锅，将鸡胸肉片炒熟。
5. 最后加入猕猴桃片和樱桃片略炒一下，即可熄火，盛盘食用。

提升免疫功效

猕猴桃含丰富的叶黄素，可保护细胞膜免受自由基侵害，而造成突变；鸡肉的优质蛋白质能提供免疫球蛋白合成的原料。

菠萝猕猴桃汁

抑制自由基＋促肠蠕动

材料：

菠萝150克，猕猴桃3个，柳橙2个

调味料：

蜂蜜1大匙

做法：

❶ 猕猴桃和菠萝洗净后切片；柳橙榨汁备用。

❷ 将猕猴桃片、菠萝片放入果汁机中，再倒入柳橙汁、500毫升冷开水和蜂蜜，搅打均匀，即可饮用。

提升免疫功效

猕猴桃富含膳食纤维，能促进肠道蠕动，排除有害物质，提升肠道免疫力；柳橙中的维生素C，可抑制自由基对人体细胞的侵害。

奶香猕猴桃冰沙

活化免疫系统＋保护视力

材料：

猕猴桃2个，柳橙3个，牛奶250毫升，冰块适量

做法：

❶ 猕猴桃洗净，去皮切块。

❷ 柳橙洗净，榨汁备用。

❸ 将猕猴桃块、柳橙汁和牛奶放入果汁机中，均匀搅打10秒。

❹ 再加入冰块，续打约20秒，即可倒入杯中饮用。

提升免疫功效

猕猴桃可调节免疫力，是提高老年人免疫力的好食物。所含的叶黄素，还能防止眼睛视网膜发生黄斑病变，保护视力。

提示 润肠通便，强化免疫功能

香蕉

提升免疫有效成分

氨基酸、糖类、B族维生素

食疗功效

稳定情绪
帮助消化

- 别名：芎蕉、甘蕉
- 性味：性寒，味甘
- 营养成分：
蛋白质、糖类、维生素A、B族维生素、维生素C、色氨酸、钙、磷、铁、镁、钾

○ 适用者：普通人 ✗ 不适用者：脾胃虚寒者、腹痛患者及3岁以下婴幼儿

香蕉为什么能提升免疫力？

1 香蕉中具有抗癌物质TNF，能增加白细胞，改善免疫系统的功能。因此在日常生活中，每天吃1根香蕉，可提升身体的抗病能力，特别是预防流感病毒侵袭。

2 香蕉含大量水溶性膳食纤维和低聚糖，可帮助肠内的有益菌生长，维持肠道健康，提升人体抵抗力。

香蕉主要营养成分

1 香蕉含有蛋白质、脂肪、糖类、维生素A、维生素B_1、维生素B_2、维生素B_6、维生素C、泛酸、叶酸、色氨酸、钙、磷、铁、镁、钾、锰、铜、锌、硒、膳食纤维、蛋白酶等营养成分。

2 香蕉含有丰富的糖类和氨基酸，能提供人体活动必需的热量。

香蕉食疗效果

1 香蕉含有色氨酸，可在人体内转化成血清素，有助于情绪稳定，减轻抑郁症的症状。

2 香蕉含有丰富的膳食纤维和消化酶，可帮助消化、润肠、刺激肠道蠕动，促使排便顺畅，预防习惯性便秘。

3 香蕉中所含的钾，可调节心率，维护心脏功能正常，将氧气顺利送到大脑，并能调节身体的水液平衡，帮助降低血压。

香蕉选购和食用方法

1 香蕉以表面光滑无病斑、表皮易剥离、果肉稍硬、口感香甜不涩者为上品。

2 香蕉要吃全熟的。如果没有全熟，营养成分就无法充分被人体吸收；好吃的香蕉外皮有少许深色斑点，还有浓浓的香甜味。

3 香蕉除了鲜食，还可做成蛋糕、甜点等，或切片烘烤成香蕉脆片。

香蕉饮食宜忌

1 香蕉含有较多镁，空腹吃易造成血液中矿物质比例失调，不利于心血管健康。

2 香蕉性寒，脾胃虚寒、胃酸分泌过多、虚寒腹痛患者应慎食。

3 3岁以下婴幼儿，肠胃功能仍弱，不宜多吃香蕉。

十字花科类

很久以前，人类就开始种植十字花科蔬菜了。

十字花科类蔬菜包括白菜、西蓝花、圆白菜等，含丰富的抗癌成分，被医学和营养专家视为“超级健康蔬菜”。西蓝花含萝卜硫素，可刺激体内产生抗癌物质，对癌症的预防有帮助；花椰菜含槲皮素，可降低癌细胞的活性；圆白菜、大白菜则富含吲哚、硫代配糖体等抗癌成分。

十字花科蔬菜的特殊抗氧化物质，可加强天然防卫功能，降低癌症罹患率，提升人体免疫力。

提示 抑制致癌物质形成，预防细胞病变

大白菜

提升免疫有效成分

B族维生素、氨基酸、膳食纤维

食疗功效

预防感冒
缓解酒醉

- **别名：** 菘、包心白菜
- **性味：** 性微寒，味甘
- **营养成分：** 蛋白质、糖类、B族维生素、维生素C、维生素E、维生素K、胡萝卜素、钙、铁、磷、硒、镁、锌、钠、钾

○ **适用者：** 普通人、高血压患者 ✗ **不适用者：** 女性月经期、产后

大白菜为什么能提升免疫力？

1 大白菜含有大量的膳食纤维，可促进肠道蠕动，帮助清除肠壁上的废物和毒素；并含大量水分，可防止大便干燥，稀释肠道毒素，帮助提升人体抵抗力。

2 大白菜含有维生素A，能减少眼睛、呼吸道和肠胃等黏膜组织的感染；并有防止致癌物质在体内生成的作用，是天然健康的养生蔬菜。

大白菜主要营养成分

1 大白菜含蛋白质、糖类、B族维生素、维生素C、维生素E、维生素K、叶酸、胡萝卜素、钙、铁、磷、硒、镁、锌、钠、钾等营养成分。

2 每100克大白菜中的维生素C含量，和1个苹果相当。

大白菜食疗效果

1 大白菜含有丰富的维生素C，能抑制致癌物质——亚硝酸胺的形成，并能提升人体免疫细胞的数量，辅助胶原蛋白的合成，对胃部、十二指肠都有一定的保护作用。

2 大白菜中所含的钾，有助维持体内电解质和血压平衡，改善心血管疾病、高血压、动脉硬化等症状。

3 大白菜丰富的B族维生素，具有促进胃肠蠕动、增强抵抗力、强壮心脏功能、预防细胞病变等功效；对于缓解喉咙发炎、解热、解酒亦有很大的帮助。

大白菜选购、保存和食用方法

1 大白菜口感柔嫩、口味清甜。购买时，以叶片包覆紧密结实、质地细致、无斑点、无腐坏者为佳。

2 大白菜盛产于冬季，无论炒、炖、煮、蒸皆有其独特的风味。用白纸包裹大白菜，直立放在冰箱中冷藏，可保鲜7～10天。

大白菜饮食宜忌

1 腹泻或寒性体质的人，食用大白菜时需控制摄取量。

2 大白菜性偏寒，女性月经期或妇女产后不宜食用。

3 服用中药或人参等补品，不宜吃大白菜，否则有影响药性的可能。

干贝白菜

高纤抗癌＋保护细胞

材料：

大白菜200克，干贝15克，香菇10克，高汤120毫升

调味料：

橄榄油2小匙，盐、香油各1小匙

做法：

❶ 将泡开的干贝捏碎，放入热油锅爆香。

❷ 大白菜洗净后切块，香菇切丝，和高汤一起放入爆有干贝的锅中焖煮。

❸ 大白菜约焖煮5分钟，至菜叶软后加盐，起锅前淋上香油，即可装盘。

提升免疫功效

大白菜富含硫代配糖体，也含维生素C，能保护人体细胞不受自由基侵害；但硫代配糖体易因加热而流失，烹调时应以快炒为宜。

黑木耳炒白菜

增强免疫＋抑制致癌物形成

材料：

大白菜180克，黑木耳80克，葱段4克

调味料：

橄榄油、酱油各1大匙，盐1/2小匙

做法：

❶ 大白菜洗净，切成大块；黑木耳洗净切块。

❷ 热油锅，爆香葱段，再放入大白菜块、黑木耳块略炒。

❸ 倒入酱油、盐调味，快速翻炒后即可熄火，起锅盛盘。

提升免疫功效

大白菜中含丰富的维生素C，能抑制致癌物质——亚硝酸胺的形成；葱中的大蒜辣素成分，能杀灭金黄色葡萄球菌，增强人体免疫力。

栗香白菜

排毒强身＋抗肿瘤

材料：

大白菜200克，栗子仁25克，虾米10克，黑木耳15克

调味料：

橄榄油、酱油各1小匙

做法：

1. 所有材料洗净；虾米浸泡于水中；大白菜、黑木耳切丝。
2. 栗子仁、黑木耳丝汆烫备用。
3. 热油锅，爆香虾米，加入栗子仁、大白菜丝、黑木耳丝和酱油一起翻炒，烹煮至熟。

提升免疫功效

大白菜含膳食纤维，有助于清除肠壁上的废物，并稀释毒素，增强免疫系统的功能；木耳多糖能增强身体抗肿瘤的能力。

开洋白菜

强化抵抗力＋减少感染

材料：

大白菜600克，虾米40克

调味料：

橄榄油、盐各2小匙，水淀粉、香油少许

做法：

1. 大白菜洗净，切块备用；虾米用清水浸泡约10分钟，沥干备用。
2. 热油锅，略炒虾米，放入大白菜块，加盐、冷开水，以小火焖煮。
3. 约15分钟后，待汤汁略收，以水淀粉勾薄芡即可，亦可滴些香油调味。

提升免疫功效

大白菜富含硫代配糖体，也含维生素C，能保护细胞不受自由基侵害；颜色太过鲜艳的虾米可能含有化学药剂，不宜选购。

提示 保持血管弹性，保护细胞组织

小白菜

提升免疫有效成分

β-胡萝卜素、B族维生素、维生素C

食疗功效

预防癌症
促进胃肠蠕动

● 别名：油白菜、鸡毛菜

● 性味：性平，味甘

● 营养成分：

蛋白质、糖类、维生素A、B族维生素、维生素C、维生素E、胡萝卜素、钙、铁、磷、钠、钾、镁、锌、硒

○ 适用者：普通人、胆固醇高者　✗ 不适用者：脾胃虚寒者、消化功能不好的人

小白菜为什么能提升免疫力？

1 小白菜含β-胡萝卜素、膳食纤维等成分，能帮助身体提升免疫力，消除致癌物质的危害，并加速致癌物质排出体外。

2 小白菜营养价值非常高，含有丰富的蛋白质、糖类、多种维生素，可以强健体魄，增加人体抵抗力。

3 小白菜中含大量胡萝卜素，进入人体后，可促进皮肤细胞代谢，维护黏膜组织的健康。

4 小白菜中所含的维生素C，为绝佳的抗氧化物，可促进胶原蛋白合成，保护牙齿和骨骼正常发育，以及保护细胞组织。

5 小白菜中丰富的B族维生素，可调节肠胃功能，预防皮肤病、口角炎，并有助于缓解紧张的情绪。

小白菜主要营养成分

1 小白菜含蛋白质、糖类、维生素A、维生素B_1、维生素B_2、维生素B_6、维生素B_{12}、维生素C、维生素E、叶酸、胡萝卜素、钙、铁、磷、钠、钾、镁、锌、硒等营养成分。

2 小白菜中所含的钙比大白菜高，维生素C含量也比大白菜高。

小白菜食疗效果

1 小白菜属十字花科蔬菜，其植化素——吲哚类中的硫代配糖体含量很高，可降低胃癌、大肠癌、子宫癌的罹患率。

2 小白菜含有大量粗纤维，进入人体后，可抑制胆固醇形成，促使胆固醇代谢物排出体外，减少动脉粥样硬化形成，维持血管弹性。

小白菜选购和食用方法

1 小白菜叶片薄且软，容易损伤，选购时，以叶片完整、坚挺、叶绿茎白且肥厚者较佳。

2 小白菜残留农药较多，烹煮前应先将近根处切除，把叶片分开，再以流动清水仔细冲洗。

3 小白菜经水洗后，应马上烹调；且烹调时间宜短，才不会破坏其营养成分。

小白菜饮食宜忌

脾胃虚寒、消化功能不好的人，吃小白菜要适量，尤其不宜生食。

白菜西红柿豆腐汤

3人份

清除自由基＋提高免疫力

材料：

瘦肉100克，大西红柿3个，豆腐3块，小白菜2株，老姜末1大匙

调味料：

橄榄油、盐、香油各1小匙

做法：

❶ 所有材料洗净；瘦肉切片；西红柿切片；豆腐剖半再切片；小白菜切段。

❷ 热油锅，爆香老姜末，加入1 000毫升水煮沸后转小火，先放入瘦肉片；再放入西红柿片、豆腐片、小白菜段，煮沸熄火；最后加入香油和盐调味即可。

提升免疫功效

小白菜含有多糖体，西红柿则含番茄红素。两者均含有丰富的维生素C，抗氧化能力显著，可以有效提高人体的免疫力。

香菇烩白菜

3人份

抑制癌细胞＋预防感染

材料：

小白菜300克，香菇8朵

调味料：

橄榄油2小匙，盐、酱油各适量

做法：

❶ 香菇洗净，表面划十字；小白菜洗净，切段备用。

❷ 热油锅，翻炒小白菜段，再放入香菇拌炒。

❸ 加入水，再加入盐、酱油调味，盖上锅盖，将小白菜段焖软即可。

提升免疫功效

小白菜含多糖体、维生素C，可保护细胞不受自由基侵害，抑制癌细胞产生；香菇含丰富的β-葡聚糖，能抗病毒和抗肿瘤。

提示 抗菌，消炎，抗病毒

西蓝花

提升免疫有效成分

β-胡萝卜素、硒、维生素C

食疗功效

预防癌症

防治胃溃疡

- **别名：** 花菜、菜花
- **性味：** 性平，味甘
- **营养成分：** 蛋白质、糖类、维生素A、B族维生素、维生素C、钙、铁、钾、镁、锌、硒、类黄酮

○ **适用者：** 普通人、癌症患者　✗ **不适用者：** 甲状腺功能异常者

西蓝花为什么能提升免疫力?

1 西蓝花被誉为“抗癌蔬菜”，是因其富含吲哚，可抑制癌细胞生长，具有抗氧化性。长期食用西蓝花，可以降低罹患乳腺癌、直肠癌、胃癌的概率。

2 西蓝花营养丰富，是美国《时代》杂志推荐的十大健康食品之一。常吃西蓝花，可增强抵抗力，促进生长发育，维持牙齿和骨骼健康，保护视力，提高记忆力。

西蓝花主要营养成分

1 西蓝花含蛋白质、糖类、维生素A、维生素B_1、维生素B_2、维生素B_6、维生素B_{12}、维生素C、维生素E、维生素K、叶酸、泛酸、胡萝卜素、钙、铁、磷、钾、钠、铜、镁、锌、硒、锰、铬、钼和类黄酮等营养成分。

2 每100克西蓝花中，含90毫克维生素C。

西蓝花食疗效果

1 对于皮肤容易因碰撞而淤青的人来说，多吃西蓝花可补充维生素K，减少皮肤发生瘀血的现象。

2 西蓝花中的维生素K能抗溃疡，减轻十二指肠溃疡、胃溃疡的症状。

3 西蓝花含微量元素硒，可防治因氧化而引起的衰老、组织硬化，并具有提升免疫系统功能、预防癌症的功效。

4 西蓝花中丰富的钾，对心脏活动具有重要的作用。人体缺钾，易导致心律不齐。从西蓝花中适量摄取钾，有助于预防心脏病、高血压。

5 西蓝花富含槲皮素、谷胱甘肽和黄体素，具有强力的抗癌作用，能使许多致癌物质失去活性。其中，槲皮素还具有抗菌、消炎、抗病毒、抗凝血的作用。

6 西蓝花富含类黄酮。类黄酮除了可防止感染，还可以清理血管中的脂肪，阻止胆固醇氧化，防止血管硬化，进而降低罹患心脏病和脑卒中的概率。

7 西蓝花含丰富的胡萝卜素，是重要的抗氧化剂之一，可预防癌症。

8 西蓝花比花菜含有更多的胡萝卜素，多食用有益眼睛健康。

西蓝花食用方法

1 西蓝花主要产期在秋冬时节。冬天是吃西蓝花的最佳季节，因冬季天冷，西蓝花长得慢，甜度口感比夏季要好。

2 西蓝花营养丰富，但易残留农药、菜虫，所以在吃之前，可将西兰花放在盐水里浸泡几分钟，菜虫便会浮出水面，再以流动清水冲洗，有助于去除农药残留。

3 西蓝花富含维生素C，快炒可避免维生素C流失，为最佳的食用方式。

西蓝花饮食宜忌

1 西蓝花不宜和小黄瓜同炒，因小黄瓜中含有维生素C分解酶，容易破坏西蓝花中的维生素C。

2 西蓝花适合生长发育期的儿童和想预防癌症的人食用。

3 西蓝花营养丰富、易消化，适宜食欲不振、消化不良、便秘者多吃。

4 西蓝花含少量影响甲状腺功能的成分，甲状腺功能异常者应谨慎食用。

咖喱双花菜

抑制癌细胞＋提升免疫

材料：

花菜、西蓝花各200克 ，胡萝卜50克，洋葱、猪肉馅各5克，脱脂鲜奶300毫升

调味料：

橄榄油3小匙，咖喱粉2大匙，黑胡椒粉1/2小匙

做法：

① 将花菜、西蓝花洗净切段；洋葱洗净切碎；胡萝卜洗净切片，放入锅中汆烫至熟。

② 热油锅，炒香洋葱碎、猪肉馅后，拌入咖喱粉炒匀，再加入脱脂鲜奶煮沸。

③ 加入花菜段、西蓝花段、胡萝卜片煮至入味（注意时间，不宜久煮），最后撒上黑胡椒粉，即可熄火起锅。

提升免疫功效

花菜、西蓝花均含吲哚，胡萝卜则含胡萝卜素，均可抑制异常细胞的产生，并具有提升人体免疫力的功效。

杏仁拌西蓝花

2 人份

高纤健肠＋护胃抗癌

材料：

西蓝花200克，杏仁10克，大蒜1瓣

调味料：

奶油20克，柠檬汁4小匙，盐1/4小匙

做法：

❶ 西蓝花洗净切小朵，汆烫后捞起冲冷水；大蒜切末，备用。

❷ 用奶油炒香杏仁，加大蒜末和西蓝花块翻炒。

❸ 最后加柠檬汁和盐调匀即可。

提升免疫功效

西蓝花含异硫氰酸盐，可抗氧化；西蓝花有高含量的膳食纤维，可强化胃肠道功能；杏仁中的苦杏仁中苷，可防癌、抗癌。

橙香西蓝花沙拉

抗氧化＋保护血管

材料：

西蓝花150克，西红柿30克，糖渍黑豆10克

调味料：

柳橙醋1大匙，金橘酱1小匙

做法：

❶ 西蓝花洗净后烫熟，切块；西红柿清洗干净后，切块。

❷ 柳橙醋和金橘酱搅拌均匀，备用。

❸ 将西蓝花块、西红柿块、黑豆盛盘，淋上搅拌好的酱汁即可。

提升免疫功效

西蓝花含异硫氰酸盐，可抗氧化，还能促进人体产生保护血管的因子；并含膳食纤维，可提升免疫系统和胃肠道的功能。

洋葱西蓝花汤

强化肝功能＋提升免疫力

材料：

西蓝花150克，洋葱50克，高汤750毫升

调味料：

橄榄油、奶酪粉各2小匙，盐1/2小匙

做法：

1. 西蓝花、洋葱切块，放入油锅中略炒后加高汤，小火煮30分钟。
2. 高汤中加入盐调匀，熄火放凉，再倒入果汁机中，打成蔬菜汁。
3. 蔬菜汁倒入锅中，以中火煮沸，食用前撒上奶酪粉即可。

提升免疫功效

西蓝花中所含的植化素，可帮助调节肝脏中的酶活动，有利于肝脏分解毒素和致癌物质，并能提升人体免疫功能。

西蓝花松茸焗饭

2人份

镇定神经＋强身防癌

材料：

米饭1碗，西蓝花60克，奶酪丝3克，姬松茸、西红柿、洋葱、豌豆仁各20克

调味料：

奶油2小匙，盐1/2小匙

做法：

1. 西蓝花洗净，切小朵；姬松茸、西红柿、洋葱洗净，切丁。
2. 以奶油热锅，炒香所有蔬菜、菌类，加盐拌匀。
3. 米饭盛入烤器，摆入炒香的蔬菜、菌类，铺上奶酪丝，放入烤箱中，以180℃烤10分钟即可。

提升免疫功效

姬松茸含特殊神经传导抑制物，能镇定神经，提高免疫力，和西蓝花搭配食用，抗癌、抗氧化的功效更佳。

含大量膳食纤维，可排除肠道毒素

圆白菜

提升免疫有效成分

胡萝卜素、花青素、维生素C

食疗功效

保护胃壁
促进胃肠蠕动

- **别名：** 甘蓝、包心菜
- **性味：** 性平，味甘
- **营养成分：** 蛋白质、糖类、胡萝卜素、维生素A、维生素C、维生素E、维生素K、维生素U、钙、铁、磷、膳食纤维

○ **适用者：** 普通人、胃肠功能较弱者　✗ **不适用者：** 甲状腺功能失调者

圆白菜为什么能提升免疫力？

1 圆白菜含胡萝卜素、花青素、维生素C等营养成分，皆具有抗氧化功效，可增强免疫力，降低疾病的发生概率。

2 圆白菜含果胶和大量膳食纤维，可帮助肠道蠕动，防止肠壁累积毒素，促进排便；进而降低大肠癌的发生概率，还能提高抵抗力。

3 圆白菜含维生素U，具有保护黏膜细胞的作用，能修复体内受损的组织；且含有抗溃疡因子，可有效预防和改善胃溃疡和十二指肠溃疡。

4 圆白菜含维生素K，能促进血液凝固，也是促进骨骼生长的重要营养成分。

5 圆白菜属十字花科蔬菜，含吲哚和硫代配糖体等成分，能降低癌症发生率。

圆白菜主要营养成分

1 圆白菜含膳食纤维、糖类、蛋白质、烟酸、胡萝卜素等营养成分。

2 圆白菜还含钙、铁、磷、钾、钠、镁、锌、硒、碘、维生素A、维生素C、维生素E、维生素K、维生素U等营养成分。

圆白菜食疗效果

1 圆白菜富含B族维生素，是参与能量代谢不可或缺的营养成分，适合生活紧张、压力大的人群食用。

2 圆白菜中的锰，是人体不可或缺的微量元素，能影响人体大脑和部分新陈代谢的功能；并对许多神经性疾病具有疗效，也是构成正常骨骼所必需的物质。

圆白菜选购、保存和食用方法

1 圆白菜可凉拌、清炒、炖煮，还可当作高汤材料，增加汤头的鲜味和甜度。

2 购买圆白菜时，应选择叶片青翠细嫩、无干枯状、叶片间隔较蓬松者。

3 保存圆白菜时，不要撕去外叶，用白纸包裹好放置冰箱中，可保鲜2～3周。

圆白菜饮食宜忌

1 圆白菜含大量膳食纤维，生食较不易消化，胃肠功能较弱者不宜生食。

2 圆白菜含碘，甲状腺功能失调者不宜大量食用。

香炒圣女果圆白菜

3人份

保护淋巴＋预防癌症

材料：

圆白菜1/2颗，圣女果5颗，大蒜1瓣

调味料：

橄榄油2小匙，盐适量

做法：

1. 圆白菜、圣女果均洗净切片；大蒜切片。
2. 橄榄油倒入锅中烧热，加入大蒜片和圣女果片炒香。
3. 放入圆白菜片一起均匀拌炒，2～3分钟至熟。
4. 最后加盐调味即可。

提升免疫功效

圣女果富含番茄红素，具有很强的抗氧化作用，可帮助清除体内过多的过氧化物，对防止细胞突变效果显著，还能保护淋巴细胞。

翡翠圆白菜卷

2人份

清肠排毒＋强化免疫细胞

材料：

圆白菜叶2片，猪肉馅50克，胡萝卜末、荸荠末各20克，韭菜6根

调味料：

高汤1大匙，米酒、淀粉各1小匙，盐、香油、胡椒粉各少许

做法：

1. 韭菜、圆白菜叶洗净后汆烫，泡水后沥干。
2. 猪肉馅、胡萝卜末、荸荠末加盐和米酒拌匀，分成两份，铺于圆白菜叶上，卷起后用韭菜绑好，以中火蒸20分钟，取出摆盘。
3. 将剩余调味料煮匀，淋在菜卷上即可。

提升免疫功效

圆白菜中的膳食纤维具有清肠功效；韭菜中的硫化丙烯基，能对抗自由基的侵害，加强细胞的抵抗力。

提示 帮助体内排毒，阻碍有害物质吸收

芥蓝菜

提升免疫有效成分

维生素A、维生素C、硫代配糖体

食疗功效

清咽解毒
润肠通便

- **别名：** 格蓝菜、绿叶甘蓝
- **性味：** 性凉，味甘
- **营养成分：** 蛋白质、糖类、纤维、氨基酸、维生素A、维生素C、维生素K、维生素U、叶酸、芸香素、叶黄素、胡萝卜素、钙、铁、磷、钾

○ **适用者：** 普通人、火气大者　✗ **不适用者：** 肾病患者、脾胃虚寒者

芥蓝菜为什么能提升免疫力？

1 十字花科的芥蓝菜，具有防癌的功效。其维生素A能抗氧化、预防夜盲症，维持皮肤细胞的健康。

2 芥蓝菜里的吲哚类——硫代配糖体含量也很丰富，可增强免疫力，预防癌症。

3 芥蓝菜富含膳食纤维，能减少食物在大肠中停留的时间，阻断有害物质的吸收，常吃可防治便秘，预防血管硬化，降低胆固醇。

芥蓝菜主要营养成分

1 芥蓝菜含膳食纤维、糖类、蛋白质、氨基酸、芸香素、叶黄素、胡萝卜素、钙、铁、磷、钾等营养成分。

2 芥蓝菜另含维生素A，泛酸、叶酸、烟酸等B族维生素，维生素C、维生素K、维生素U等营养成分。

3 每100克芥蓝菜中，钙含量高达238毫克。

芥蓝菜食疗效果

1 从中医角度来看，芥蓝菜能解毒、利气，对于虚火上炎所造成的牙龈出血、痰滞型咳嗽，以及热性感冒所造成的喉咙痛，都有缓解的作用。

2 芥蓝菜富含钙，且草酸含量低，利五脏六腑和关节，能疏经活络、补骨壮筋。

3 芥蓝菜含大量叶黄素，有助保护视力；富含钙，可强健骨骼、舒缓腰酸背痛。

4 芥蓝菜的铁含量颇高，可防治贫血，吃素者可多吃。

5 芥蓝菜的苦味中含有机碱，能增进食欲，还可加快胃肠道蠕动，有助消化。

芥蓝菜食用方法

1 芥蓝菜为十字花科植物，其叶、茎、心均可入菜，烹调以水煮、油炒为主。芥蓝籽可榨油食用。

2 芥蓝菜的梗较硬，给儿童或老人食用，应煮烂、煮软，以免吞咽困难。

3 芥蓝菜吃起来有股苦涩味，炒时加少量糖和酒，即可去除苦涩味。

芥蓝菜饮食宜忌

1 芥蓝菜性凉、味甘，任何体质的人都可食用，但脾胃虚寒者不可多吃。

2 芥蓝菜富含钾，肾病患者除了要煮熟后食用，还要避免喝其汤汁。

芥蓝牛肉

提升免疫＋抗病毒防癌

材料：

芥蓝菜150克，牛肉75克，大蒜3瓣，鸡蛋1个

调味料：

橄榄油、蚝油各1小匙，酱油、米酒、白糖各1/2小匙

做法：

1. 芥蓝菜洗净，去粗丝，切小段；大蒜切片；鸡蛋取蛋白。
2. 牛肉切片，用酱油、米酒和蛋白腌渍15分钟后，放入油锅汆烫至7分熟，捞出。
3. 热油锅，爆香大蒜片，加芥蓝菜段、白糖和蚝油炒熟，最后加牛肉片炒匀即可。

提升免疫功效

芥蓝菜中的芸香素，可抗菌、消炎、抗氧化、抗病毒，抑制癌细胞增生。牛肉和鸡蛋是优质蛋白质的来源，可提升免疫力。

蒜香芥蓝

增强抗病力＋保护肠道

材料：

芥蓝菜300克，大蒜2颗

调味料：

橄榄油2小匙，蚝油2大匙，白糖1大匙，米酒1小匙

做法：

1. 大蒜去皮，切末；汆烫芥蓝菜，捞起后以冷水冲凉。
2. 热油锅爆香大蒜末，加入芥蓝菜热炒。
3. 加入蚝油、白糖和米酒拌炒均匀，即可熄火盛盘。

提升免疫功效

芥蓝菜富含膳食纤维，能帮助肠道排出有毒物质，减少对肠道的伤害；所含叶黄素可保护视力；胡萝卜素则能增强人体抵抗力。

提示 清热润肤，防止肠道毒素被人体吸收

上海青

提升免疫有效成分

β-胡萝卜素、维生素C、吲哚

食疗功效

预防癌症
清热解便秘

● **别名：** 汤匙菜、青梗白菜

● **性味：** 性平，味甘

● **营养成分：**
糖类、蛋白质、维生素A、B族维生素、维生素C、维生素E、维生素K、β-胡萝卜素、钙、铁、钾、钠、锌、膳食纤维

○ **适用者：** 普通人、儿童、年长者、便秘者　✗ **不适用者：** 无

上海青为什么能提升免疫力？

1 上海青含有丰富的钙、铁、维生素C、β-胡萝卜素；并含有十字花科蔬菜特有的抗氧化剂—— 吲哚，具有提升免疫力的功能。

2 上海青富含维生素、矿物质，可增加有益菌，改善肠道健康，减少肠道中细菌或毒素进入人体，提高抵抗力。

上海青主要营养成分

1 上海青含有糖类、蛋白质、β-胡萝卜素、钙、铁、磷、钾、钠、铜、镁、锌、硒和膳食纤维等营养成分。

2 上海青还含有维生素A、维生素B_1、维生素B_2、维生素B_6、维生素C、维生素E、维生素K、叶酸、泛酸等。

上海青食疗效果

1 上海青含钾量高，有改善心肌收缩、维持体内电解质平衡、促进新陈代谢等多种功效。

2 上海青中的酶能促进消化，对消化不良、便秘患者大有益处，并可帮助减重者降低血脂。

3 上海青可以清除体内热气，牙龈红肿或口干舌燥时，宜多吃此菜。

4 上海青富含β-胡萝卜素、维生素C等，除了有助于防癌，还有预防衰老、滋润皮肤、保护眼睛、增强视力、保护视网膜的功效。

5 吃上海青有助去油解腻。其中，所含的膳食纤维，除了能通利肠胃、治疗便秘，还有助于防止胆固醇浓度上升，也可预防血管硬化。

6 上海青含丰富的B族维生素，可以减轻压力、消除疲劳、镇定神经，以及提升注意力。

7 上海青含有维生素A、维生素C和蛋白质，保养肌肤的效果甚佳。

8《本草纲目》中记载，上海青“性平，味甘，通利肠胃，除胸中烦，解酒、消食下气、治瘴气、止热气嗽”。

9 上海青富含易被人体吸收的钙质，可以帮助牙齿和骨骼生长；并能维持正常的心肌活动，防止肌肉痉挛。

10 上海青富含维生素A、维生素C和β-胡萝卜素，可以保护呼吸道，经常感冒者宜多摄食。

上海青选购和食用方法

1 上海青接近根部的叶柄容易藏污纳垢，最好把叶子一片一片剥下，用手搓洗叶柄。

2 选购上海青时，宜选择茎厚实、叶紧密、颜色鲜绿、叶子较宽大者。

3 烹煮上海青不必事先汆烫，为了提高胡萝卜素的吸收率，可以用油快速翻炒一下。若茎和芯的部分不容易熟，炒或煮时，可以先放茎和芯。

4 上海青纤维相对细嫩，很适合婴幼儿吃。把上海青剁成细末，做成菜汤或包成菜肉馄饨，可让不爱吃青菜的小朋友较易接受。

上海青饮食宜忌

1 胃肠寒凉者要避免过量食用上海青，或在煮上海青时多加入几片姜。

2 上海青富含质地柔软的膳食纤维，非常适合幼儿、年长者或便秘者多吃。

上海青炒香菇

活化免疫细胞＋防癌抗老

材料：

上海青250克，干香菇2朵，大蒜2瓣

调味料：

橄榄油、米酒各1大匙，盐1小匙

做法：

1. 将上海青清洗干净，切段。
2. 干香菇浸泡水中至软，捞起用水冲洗后切片。
3. 大蒜去皮，切成细末。
4. 热油锅，加入大蒜末、香菇片爆炒至香味溢出。
5. 倒入上海青段、米酒、盐和30毫升水，大火快炒至菜熟软即可起锅。

提升免疫功效

上海青富含β-胡萝卜素、维生素C，有预防衰老、抵抗癌症的功效。香菇多糖体可活化自然杀伤细胞、T淋巴细胞，增强抵抗力。

翡翠豆皮

预防便秘+增强免疫力

材料：

日式炸豆皮200克，上海青100克，大蒜1颗，高汤200毫升

调味料：

橄榄油2小匙，盐1小匙，香油适量

做法：

1. 上海青洗净切碎；豆皮用手撕成长条状；大蒜拍碎备用。
2. 热锅放油，爆香大蒜末，加入上海青末炒匀。
3. 放入高汤、盐、豆皮条煮至汤汁收干，起锅前加入香油拌匀即可。

提升免疫功效

上海青含有丰富的膳食纤维，可以促进肠道蠕动，减少便秘的发生；并能加强肠道免疫系统的功能，进而提升免疫力。

洋菇烩上海青

活化巨噬细胞+抗氧化

材料：

洋菇200克，上海青100克，高汤适量

调味料：

白糖、水淀粉、橄榄油、盐各适量

做法：

1. 洋菇（划十字）和上海青洗净后分别汆烫，以盐水浸泡冷却后，捞起摆盘。
2. 高汤煮沸，放入白糖，再以水淀粉勾薄芡，淋在洋菇和上海青上。
3. 最后淋上一点橄榄油增加洋菇光泽，即可食用。

提升免疫功效

上海青中富含叶黄素、β-胡萝卜素，具抗癌、抗氧化之功效；洋菇的多糖类物质，可活化能消灭病毒、自由基的巨噬细胞。

提示 富含胡萝卜素，可促进黏膜健康

芥菜

提升免疫有效成分

胡萝卜素、硫代配糖体、维生素C

食疗功效

防预癌症
明亮眼睛

- **别名：** 刈菜、长年菜
- **性味：** 性温，味苦、辛
- **营养成分：** 蛋白质、糖类、维生素A、维生素B_1、维生素B_2、维生素C、维生素D、维生素E、维生素K、叶酸、胡萝卜素、钙、铁、磷、锌、钠、异黄酮、膳食纤维

○ **适用者：** 一般人、易中暑者　✗ **不适用者：** 肾病患者、高血压及动脉硬化患者、结石症患者

芥菜为什么能提升免疫力？

1 芥菜为十字花科植物，含有硫代配糖体的衍生物吲哚、异硫氰酸盐，能帮助性激素正常分泌，且能降低乳腺癌、前列腺癌发生的概率。

2 芥菜含维生素A、维生素B_1、维生素B_2、维生素C，能抗感染、预防疾病发生、抑制细菌毒素的毒性、促进伤口愈合，可用来辅助治疗感染性疾病。

3 芥菜含有丰富的胡萝卜素，可促进皮肤和黏膜的健康。

4 芥菜含有胡萝卜素，能保护眼睛、改善视力，很适合电脑工作者食用。

5 芥菜含B族维生素，可促进血液循环，协调神经和肌肉运作。

6 芥菜热量低，富含膳食纤维，可促进肠道蠕动、改善肠道环境，还能降胆固醇，适合习惯性便秘、心血管疾病患者食用。

芥菜主要营养成分

1 芥菜含蛋白质、糖类、维生素A、维生素B_1、维生素B_2、维生素C、维生素D、维生素E、维生素K、叶酸、胡萝卜素、异黄酮和丰富的膳食纤维。

2 芥菜含钙、铁、磷、锌、钠等矿物质。

芥菜食疗效果

1 芥菜特殊的香气，可增进食欲，促进人体新陈代谢。酷热的夏季，食用芥菜汤可以预防暑热。

2《本草纲目》中记载，芥菜可利膈开胃、利气舒痰，用芥菜、姜、蒜、葱加水熬煮后饮用，有助于预防感冒。

芥菜保存和食用方法

1 芥菜除了可鲜食，腌渍后的味道也很丰富，例如咸菜、榨菜、酸菜都是芥菜的加工品。

2 芥菜耐储存，用白纸包好放入冰箱冷藏，可存放10～15天。

芥菜饮食宜忌

1 腌渍过的芥菜含大量盐分，高血压、动脉硬化患者宜少吃。

2 芥菜含较多草酸，容易和钙结合，结石症患者不宜多食。

3 芥菜钾含量较高，肾病患者不宜多吃。

叶菜类

我们常吃的蔬菜来自植物不同的部位，最普遍的是叶菜类蔬菜。植物中大部分营养合成是在叶子中进行，因此叶子的营养成分含量最多，尤其是深绿色蔬菜，是提供人体维生素A、维生素C、叶黄素、膳食纤维和抗氧化物质的重要来源。

成年人每天应摄取2～3种深绿色高纤叶菜类，因其富含维生素A，可保护呼吸道黏膜，增强免疫细胞的防御力；维生素C可抑制病毒，防止致癌物质生成；膳食纤维可减少体内毒素的累积。

要吃出免疫力，不能忽略高纤叶菜类。

提示 保护人体免受自由基侵害

龙须菜

提升免疫有效成分

维生素C、硒、β-胡萝卜素

食疗功效

抗老抗氧化
利尿降血压

- **别名：** 佛手瓜苗、瓜子须
- **性味：** 性凉，味甘
- **营养成分：** 糖类、蛋白质、维生素A、维生素B_1、维生素B_2、维生素B_6、维生素C、β-胡萝卜素、钙、铁、磷、钾、锌、硒、膳食纤维

○ **适用者：** 普通人、心血管疾病患者　✗ **不适用者：** 肠胃虚弱或常腹泻者、四肢冰冷者

龙须菜为什么能提升免疫力?

1 龙须菜含硒量颇高。硒是一种抗氧化剂，能清除对人体有害的自由基，维持心脏功能、肝功能正常运作；对眼睛、头发、皮肤亦有保护作用。

2 龙须菜中含有相当丰富的膳食纤维，到了肠道，可以和胆酸结合，降低胆固醇，并降低心血管疾病的罹患率。

龙须菜主要营养成分

1 龙须菜含有糖类、蛋白质、维生素A、维生素B_1、维生素B_2、维生素B_6、维生素C、维生素E、维生素K、β-胡萝卜素、叶酸、泛酸、钙、铁、磷、钾、锌、硒和膳食纤维等营养成分。

2 龙须菜的钙含量很高。

龙须菜食疗效果

1 中医认为，龙须菜具有理气和中、疏肝止呕的作用，适合消化不良、胸闷气胀、呕吐、肝胃气痛、气管炎、咳嗽多痰者食用。

2 龙须菜的维生素和矿物质含量颇高，又是低钠食物，是心脏病、高血压患者的保健蔬菜。经常吃龙须菜，可利尿排钠，有扩张血管、降低血压之功效。

3 龙须菜含有丰富的叶绿素和膳食纤维，多食用可助消化，有利身体健康。

4 龙须菜果实富含锌，对儿童的智力发育、男女不育不孕症，尤其是男性性功能衰退的疗效明显；而且可以缓解老年人视力衰退。

龙须菜选购和食用方法

1 龙须菜是相当常见的野菜之一，在菜市场或超市都很容易购买。龙须菜因前端之嫩芽状似龙须而得名。烹调一般以凉拌、热炒为主。

2 龙须菜无须使用农药来防治病虫害，是可以安心食用的健康蔬菜，只须洗净泥沙和杂质，即可烹煮。

龙须菜饮食宜忌

龙须菜属性偏凉，四肢冰冷、肠胃虚弱或经常性腹泻者，不适合吃太多。

提示 解毒清热，可抑制有害菌

空心菜

提升免疫有效成分

胡萝卜素、木质素、膳食纤维

食疗功效

调整酸碱度
解毒抑菌

● **别名**：蕹菜、蕹菜

● **性味**：性凉，味甘、淡

● **营养成分**：
蛋白质、糖类、维生素A、维生素B_1、维生素B_2、维生素C、叶酸、胡萝卜素、钙、铁、磷、木质素、膳食纤维

○ **适用者**：普通人、皮肤化脓性感染者　✗ **不适用者**：体质虚弱者、消化功能虚弱者

空心菜为什么能提升免疫力？

1 空心菜含膳食纤维、多种微量元素和酶，能帮助消除肠壁上的毒素和有害物质，增强肠道抵抗疾病的能力。

2 空心菜为碱性食物，可预防肠道内菌群失调，对预防癌症有益。

空心菜主要营养成分

1 空心菜含蛋白质、糖类、维生素A、维生素B_1、维生素B_2、维生素C、烟酸、叶酸、胡萝卜素、钙、铁、磷、钾、木质素以及丰富的膳食纤维。

2 空心菜中的蛋白质含量比西红柿高，钙含量也比西红柿高。

空心菜食疗效果

1 空心菜含木质素，能增强T细胞吞噬有害菌的能力，对金黄色葡萄球菌、链球菌等有抑制作用，可预防食物中毒和肠胃炎。

2 空心菜含植物胰岛素成分，可帮助人体维持血糖稳定，适合糖尿病患者食用。

3 将空心菜挤汁内服或外敷，可治疗疖、疮等皮肤化脓性感染。

4 空心菜所含的烟酸、钾等，能降低胆固醇、甘油三酯，预防血管硬化和高血压等症。

5 中医认为，空心菜具有很强的解毒功效，可清热解暑、凉血止血、润肠通便，适用于痔疮、便血、虫蛇咬伤、淋浊、带下、饮食中毒等症。

空心菜选购和食用方法

1 空心菜容易因天气干燥炎热而脱水变成软萎状，烹煮之前可先浸泡于清水中约半小时，即可恢复鲜绿硬挺；但泡水后的空心菜须马上烹煮，以免营养流失。

2 购买空心菜时，宜选购颜色青翠、茎叶细嫩者；一旦长出气根或菜茎过粗、过长，口感就会变得粗硬难嚼。

空心菜饮食宜忌

1 空心菜性凉，体质虚弱、脾胃虚寒者不宜多食。

2 空心菜不易嚼烂，亦不易消化，咀嚼功能不好的老人或幼儿不宜多吃。

辣炒空心菜

防大肠癌+活化免疫细胞

材料：

空心菜200克，大蒜3颗，辣椒1根

调味料：

橄榄油1小匙，盐、酱油各1/2小匙

做法：

1. 将空心菜洗净，切段；大蒜拍压后，切片；辣椒洗净，切小片。
2. 热油锅，爆香大蒜片，加入空心菜段、辣椒片快速翻炒。
3. 加入盐、酱油调味后略炒，即可食用。

提升免疫功效

空心菜含木质素，能提升身体免疫力，提高巨噬细胞的活性，增强其吞噬杀灭癌细胞的能力；丰富的膳食纤维，可预防大肠癌。

开洋空心菜

利尿通便+促肠蠕动

材料：

空心菜600克，虾米30克，大蒜2瓣

调味料：

橄榄油1大匙，盐1小匙

做法：

1. 空心菜洗净、沥干，切段；大蒜去皮，拍碎备用。
2. 热油锅，爆香大蒜末，加入虾米和切好的空心菜段，快速翻炒。
3. 加盐调味即可起锅。

提升免疫功效

空心菜富含膳食纤维，可促进肠道蠕动，排除体内废物；而丰富的β-胡萝卜素和维生素C，抗氧化能力强，有助于免疫力的提升。

 含抗氧化物，强化人体防卫机制

红薯叶

提升免疫有效成分

胡萝卜素、木质素、膳食纤维

食疗功效

补血养肝 降糖降压

- **别名：**甘薯叶、地瓜叶
- **性味：**性平，味甘
- **营养成分：**蛋白质、糖类、胡萝卜素、维生素A、维生素B_1、维生素B_2、维生素B_6、维生素C、维生素E、叶酸、泛酸、钙、铁、磷、钾、钠、铜、镁、锌、硒、类黄酮、木质素、膳食纤维

○ **适用者：**普通人、贫血患者　✗ **不适用者：**肾病患者

红薯叶为什么能提升免疫力？

1 红薯叶中的抗氧化物质比一般蔬菜高；又富含吲哚和大量植物性多酚，具有预防癌症的功效。

2 红薯叶有深绿色蔬菜的特性，维生素A和铁含量丰富，是很好的抗氧化蔬菜，能维持皮肤和上呼吸道的健康，形成人体防卫系统的第一道防线，有助提升免疫力。

红薯叶主要营养成分

1 红薯叶含蛋白质、糖类、维生素A、维生素B_1、维生素B_2、维生素B_6、维生素C、维生素E、叶酸、泛酸、钙、铁、磷、钾、钠、铜、镁、锌、硒、胡萝卜素、膳食纤维、类黄酮。

2 红薯叶所含的胡萝卜素、钙、铁比菠菜高，草酸含量却极少。

红薯叶食疗效果

1 红薯叶性平、味甘，有补中益气、生津润燥、养血止血、通乳汁等功效。

2 红薯叶含丰富的胡萝卜素，在体内可转化为维生素A，保护视力，改善皮肤和眼睛干燥、头发干易断等问题。

3 红薯叶的营养价值很高，含鞣酸和微量元素，可降低血液中甘油三酯；又可降低胆固醇，具有预防高血压、退肝火、利尿等功效。

4 红薯叶含黄酮类化合物等物质，对促进性激素分泌有帮助，可促进乳汁分泌，产后气血虚、乳汁不足的妇女，可多吃红薯叶通乳。

5 红薯叶所含的膳食纤维很丰富，可促进胃肠蠕动，预防便秘、痔疮和大肠癌。

红薯叶食用方法

1 为使红薯叶所含的胡萝卜素溶出更多，最好用油炒代替水煮，这样能保留住对人体有益的脂溶性营养成分。

2 老人和婴幼儿的消化能力较差，为了获得营养，最好把红薯叶炖烂或剁碎，和排骨一起煮粥食用。

红薯叶饮食宜忌

1 红薯叶具有稳定血糖之效，糖尿病患者可多吃。

2 红薯叶含钾量高，有助预防高血压；但肾病患者要留意，不宜食用过量。

红薯叶烩海参

抗氧化防癌＋高纤排毒

材料：

红薯叶100克，白果20克，海参段200克，胡萝卜片30克，红葱头5克

调味料：

蚝油1汤匙，香油1/2小匙，水淀粉（淀粉、水各2小匙）

做法：

1. 将海参段、胡萝卜片和白果分别汆烫，沥干备用。
2. 炒香红葱头，加入红薯叶和蚝油、香油煮熟。
3. 放入汆烫后的海参段、胡萝卜片和白果，再加入水淀粉煮熟即可。

提升免疫功效

红薯叶中抗氧化物的含量比一般日常食用的蔬菜高；且含有大量多酚类，具有抗氧化和抗癌的效果。

红薯叶豆腐羹

2人份

消除自由基＋延缓衰老

材料：

豆腐1块，红薯叶150克，胡萝卜30克，高汤750毫升

调味料：

淀粉5克，香油1/2小匙，盐、胡椒粉各少许

做法：

1. 所有材料洗净；红薯叶用沸水汆烫后切段；豆腐切小块；胡萝卜切丁。
2. 高汤倒入锅中煮沸，加胡萝卜丁、豆腐块煮沸后，加入红薯叶段煮熟。
3. 加入香油、盐、胡椒粉调味，再以淀粉和水勾芡即可。

提升免疫功效

红薯叶含黄酮类化合物，可抗氧化、提高免疫力、延缓衰老、消炎、防癌；豆腐中的优质蛋白可提供人体必需的氨基酸。

提示 平肝降压，减少细胞突变

芹菜

提升免疫有效成分

胡萝卜素、维生素C、铁

食疗功效

增进食欲
降糖降压

- **别名：** 旱芹、香芹
- **性味：** 性凉，味甘
- **营养成分：** 蛋白质、糖类、植物纤维、维生素A、B族维生素、维生素C、维生素E、维生素K、钙、铁、磷、钾、镁、锌、硒、胡萝卜素、类黄酮

○**适用者：** 普通人、糖尿病患者　✗**不适用者：** 体寒和腹泻者

芹菜为什么能提升免疫力？

1 芹菜含有维生素C、胡萝卜素等抗氧化物质，可抑制肠内产生致癌物质；同时，加快粪便排出体外，减少致癌物和结肠黏膜的接触，具有预防癌症的作用。

2 芹菜富含铁，能补充妇女月经期所流失的血液；一般人常吃芹菜，可畅通血管、帮助新陈代谢，并能增强人体抵抗力。

芹菜主要营养成分

1 芹菜含膳食纤维、糖类、蛋白质、胡萝卜素、类黄酮、钙、铁、磷、钾、钠等营养成分。

2 芹菜还含有维生素A、维生素B_1、维生素B_2、维生素B_6、维生素C、维生素E、维生素K、叶酸、泛酸。

芹菜食疗效果

1 芹菜性凉、味甘、无毒，具有平肝降压的作用，是辅助治疗高血压及其并发症的首选之品，对血管硬化、神经衰弱患者亦有帮助。

2 芹菜含利尿的钾离子，可加速消除体内多余的钠离子和水分，具有利尿消肿的功效。

3 芹菜能改善糖尿病患者细胞的糖类代谢，使血糖下降，进而减少患者对胰岛素的依赖。

4 芹菜叶茎中含挥发性甘露醇，气味芳香，能增进食欲，具有保健作用。

芹菜食用方法

1 芹菜叶所含的维生素C、胡萝卜素都比茎部高，营养丰富且可降血压；烹调方式可凉拌或煮汤，无须丢弃。

2 芹菜适合快炒或凉拌，亦可切末当作香料，加在汤或粥里增添风味；若想要降血压，以生食或榨汁较为有效。

芹菜饮食宜忌

1 芹菜属光敏性蔬菜，吃太多后经过阳光照射，可能导致皮肤炎或长斑点。

2 准备生育的男性不宜多食芹菜，因为芹菜有杀精的作用，所以常吃芹菜可能会减少男性精子的数量。

红枣芹菜汤

润肠通便＋减少细胞突变

材料：

芹菜50克，红枣10颗

调味料：

冰糖2小匙

做法：

1. 所有材料洗净，沥干；芹菜摘除叶子，切除根部，茎切段。
2. 将所有材料和1 000毫升水放入锅中，以小火炖煮。
3. 放入冰糖调味，去渣即可。

提升免疫功效

芹菜含丰富的膳食纤维、钾和类胡萝卜素，可润肠通便，预防肠道疾病发生；还能增强人体免疫力，降低细胞突变概率。

西芹红茄汤

提升免疫力＋保护淋巴细胞

材料：

西芹120克，海带70克，西红柿50克，虾米15克

调味料：

白糖1小匙，盐1/2小匙

做法：

1. 所有材料洗净；西芹、海带切段；西红柿切丁。
2. 锅中倒750毫升水，大火煮沸后转小火，加西芹段、海带段、西红柿丁和虾米。
3. 食材煮熟后，加调味料调匀即可。

提升免疫功效

芹菜中的芹菜苷，可提升人体免疫力，抑制乳腺癌形成；西红柿的番茄红素，可减少淋巴细胞中DNA的氧化，有效保护淋巴细胞。

补血养眼，延缓细胞衰老

菠菜

提升免疫有效成分

维生素A、维生素C、胡萝卜素、膳食纤维

食疗功效

造血补血
预防衰老

- **别名：** 菠薐、波斯菜
- **性味：** 性凉，味甘
- **营养成分：** 蛋白质、糖类、膳食纤维、氨基酸、维生素A、B族维生素、维生素C、维生素E、维生素K、叶黄素、胡萝卜素、钙、铁、磷、钾、钠

○ **适用者：** 普通人、贫血患者　✗ **不适用者：** 结石体质者、肾病患者

菠菜为什么能提升免疫力？

1 菠菜含大量膳食纤维，可促进肠道蠕动，减少有毒废物和肠道接触的时间，有助于增加肠内有益菌，强化人体免疫力。

2 菠菜含丰富的胡萝卜素，具有延缓细胞衰老和保护眼睛的功能，有助于促进皮肤的新陈代谢；并能抗氧化，有助于预防癌症。

菠菜主要营养成分

1 菠菜含蛋白质、糖类、膳食纤维、氨基酸、维生素A、维生素B_1、维生素B_2、维生素B_6、维生素C、维生素E、维生素H、维生素K、叶酸、叶黄素、胡萝卜素等营养成分。

2 菠菜中另含钙、铁、磷、钾、钠等矿物质。

菠菜食疗效果

1 菠菜中的钙，可预防骨质疏松，减少脂肪合成，促进脂肪分解。

2 菠菜中的β-胡萝卜素，能在人体内转变成维生素A，帮助维护眼睛和上皮细胞的健康，促进儿童生长发育。

3 菠菜含丰富的维生素C、硒，可抗氧化、防衰老，预防阿尔茨海默病，适合年长者多吃。

4 菠菜含丰富的铁，经常疲倦头晕、身体虚弱、手脚冰冷或贫血者不妨多吃。

菠菜食用方法

1 菠菜含脂溶性营养成分，如维生素A，需要用油脂烹调才能释放出来，适合用油炒的烹饪方式；或和肉类一同烹调，以帮助营养成分释出。

2 菠菜除了可以快炒、煮汤，也可做成咸派披萨的内馅；或榨成菠菜汁和面，做成通心面或菠菜面条。

菠菜饮食宜忌

1 菠菜含高量的钾，肾病患者食用容易引起功能失调，不宜多吃。

2 菠菜含草酸，长期食用过量，在人体内会阻碍铁和钙的吸收，容易加重结石病情。结石患者应少吃菠菜。

菠菜炒蛋

抑制细胞病变＋清肠排毒

材料：

菠菜200克，姜10克，鸡蛋、西红柿各1个

调味料：

盐10克，香油20毫升

做法：

❶ 菠菜洗净，切段；西红柿洗净，切块；姜洗净，切丝；鸡蛋打散备用。

❷ 锅中以香油爆香姜丝，加入鸡蛋炒开，加入菠菜段、西红柿块快炒，以盐调味即可。

提升免疫功效

菠菜含β–胡萝卜素，可抑制细胞病变，强化体内免疫细胞功能；丰富的膳食纤维和叶绿素，可促进肠道蠕动，排除体内有害物质。

绿菠百合汤

防止衰老＋抗癌防癌

材料：

菠菜200克，新鲜百合35克，玉米粒30克

调味料：

水淀粉1小匙，盐1/2小匙

做法：

❶ 新鲜百合洗净，用水泡软，和菠菜一起以榨汁机搅碎。

❷ 500毫升水倒入锅中，加入搅碎的菠菜、百合、玉米粒和盐，以大火煮沸，再以水淀粉勾芡，即可起锅。

提升免疫功效

菠菜富含维生素C、硒，可抗氧化、防衰老，预防因自由基伤害所引发的癌变；百合中的秋水仙碱具有良好的抗肿瘤功效。

提示 防便秘，杀病菌，提升抵抗力

韭菜

提升免疫有效成分

维生素A、硫化物、膳食纤维

食疗功效

杀菌除虫
壮阳活血

- **别名：**壮阳草、长生韭
- **性味：**性温，味甘、辛
- **营养成分：**蛋白质、维生素A、维生素B_1、维生素B_2、维生素C、叶酸、烟酸、钙、铁、磷、钾、钠、铜、镁、锌、铬、锰、胡萝卜素、硫化物

○ **适用者：**普通人、体质虚寒者　✗ **不适用者：**哺乳妇女、火气大者、痔疮患者

韭菜为什么能提升免疫力?

1 韭菜中的膳食纤维，可促进胃肠蠕动，增强消化器官功能，帮助排除有害物质。

2 韭菜的独特味道具有杀菌作用，能杀灭肠内细菌，帮助提升抵抗力。

3 韭菜性温，能温中行气，所含硫化物有杀菌和兴奋的作用，可除湿、祛寒、解表，增强抵抗力，预防感冒。

韭菜主要营养成分

1 韭菜含有糖类、蛋白质、维生素A、维生素B_1、维生素B_2、维生素C、叶酸、烟酸、胡萝卜素、硫化物、苷类、苦味质和膳食纤维。

2 韭菜还含钙、铁、磷、钾、钠、铜、镁、锌、铬、锰等矿物质。

韭菜食疗效果

1 韭菜在中医药典上有“起阳草”之称，是一种生长力旺盛的蔬菜，为肾虚阳萎、遗精梦者的辅助食疗佳品，对男性勃起障碍、早泄等疾病有很好的疗效。

2 韭菜的气味十分辛辣，但有行气导滞、散瘀活血的食疗功效，适用于跌打损伤、胸痛、吐血、肠炎等症。

3 韭菜的膳食纤维丰富，可促进胃肠蠕动正常，强化消化器官功能，防止便秘。

4 韭菜富含铁，可改善因缺铁造成的贫血、手脚冰冷。缺铁的人可多吃韭菜。

5 韭菜中含挥发性精油、硫化物，可降低胆固醇，预防高脂血症和冠心病。

6 妇女月经期不顺、白带过多时可吃炒韭菜。

韭菜选购和食用方法

1 韭菜烫、炒、做馅皆适宜。

2 选购韭菜要注意鲜度，以叶直、鲜嫩翠绿、长度20～30厘米者为佳。

3 每年1、2月产的韭菜，营养价值较高；且较鲜嫩，可于春节前后多食用。

韭菜饮食宜忌

1 有消化道疾病的人，不宜一次吃太多韭菜，以免引起腹胀。

2 火气大、痔疮患者不宜吃韭菜，以免加重内热症状。

3 哺乳期间的妇女、产妇不可食用韭菜，以免产生退奶的效果。

韭菜拌核桃仁

2 人份

防心血管病+保护细胞

材料：

韭菜200克，核桃仁40克

调味料：

盐、白糖、米酒各2小匙，橄榄油1小匙

做法：

1. 将韭菜清洗干净，去除根部和老叶，切成长段备用。
2. 汤锅加水煮沸，放入韭菜段，煮至韭菜段变色后，捞出沥干。
3. 将韭菜段盛盘，加入核桃仁、橄榄油、盐、白糖和米酒，拌匀即可食用。

提升免疫功效

韭菜含有硫化丙烯基，能防止自由基造成的氧化伤害，提升人体免疫功能；核桃仁含ω-3脂肪酸，可预防心血管疾病。

高纤韭菜汁

降低血脂+排毒强身

材料：

韭菜200克

做法：

1. 韭菜洗净、切段。
2. 韭菜段放入沸水中烫熟后取出，放入果汁机中榨成汁。
3. 将榨好的韭菜汁加入适量温开水，冲服饮用即可。

提升免疫功效

韭菜含膳食纤维，能促进消化；硫化物可降血脂。每天适量饮用韭菜汁，能有效排除体内毒素，并增强身体的抵抗力。

茄类

本节所介绍的茄类，包含青椒、彩椒、西红柿、茄子。

其中青椒、彩椒富含抗氧化剂——维生素A，可保护人体免受自由基侵害，是最好的天然抗衰老蔬菜；西红柿含番茄红素，具有独特的抗氧化功能，可清除人体内导致衰老和疾病的自由基，有效抑制细胞突变；含维生素P和花青素的茄子，可以保护视力，减缓眼睛黄斑病变，还具有防治皮肤瘀血、调节新陈代谢、抗衰老、增强抵抗力等作用。

适当摄取茄类蔬菜，可轻松维持身体健康。

提示 抗老防癌，调节免疫力

青椒、彩椒

提升免疫有效成分

维生素C、花青素、β-胡萝卜素

食疗功效

抗氧化
通便降压

● **别名：** 甜椒、番椒

● **性味：** 性温，味甘、辛

● **营养成分：**
蛋白质、糖类、维生素A、维生素B_1、维生素B_2、维生素B_6、维生素C、花青素、叶酸、泛酸、β-胡萝卜素、钙、铁、磷、硒、镁、锌

○ **适用者：** 普通人、用眼过度者　✗ **不适用者：** 身体有发炎症状者、痔疮患者

青椒、彩椒为什么能提升免疫力？

1 青椒、彩椒富含强力的抗氧化剂——花青素，可保护人体免受自由基的侵害，是最好的天然抗衰老物质，可预防癌症、关节炎，调节免疫力，保护血管。

2 青椒、彩椒含相当丰富的胡萝卜素，在人体内可转化为维生素A，对眼睛和皮肤健康有益；且具有调节新陈代谢、抗老、预防癌症、增强抵抗力等作用。

青椒、彩椒主要营养成分

1 青椒、彩椒含蛋白质、糖类、花青素、β-胡萝卜素、钙、铁、磷、硒、镁、锌、钠、钾、类黄酮素、膳食纤维。

2 青椒、彩椒另含维生素A、维生素B_1、维生素B_2、维生素B_6、维生素C、叶酸、泛酸。

3 青椒、彩椒中的维生素C含量比柑橘高。

青椒、彩椒食疗效果

1 青椒、彩椒所含的膳食纤维，可促进脂肪代谢，避免胆固醇和脂肪沉积于血管，能预防便秘、动脉硬化、高血压、糖尿病等病症。

2 青椒、彩椒中含矽，能促进钙质吸收、强化骨骼，维持心血管健康；且具有消除皱纹、增生头发、强健指甲的功效。

3 青椒、彩椒含胡萝卜素和维生素A，有增强皮肤抵抗力之功效。

4 青椒、彩椒富含B族维生素和矿物质，可预防精神障碍、稳定情绪、集中精神，对脑部的营养供给很有益处。

5 青椒、彩椒含丰富的维生素C、维生素K，可预防维生素C缺乏症、牙龈出血、皮肤瘀斑。

青椒、彩椒选购和食用方法

1 选购时，以果蒂无腐坏、果实表面光滑、颜色鲜艳、无枯萎、无缩水、无伤者为佳。若以纸张包裹好封存于塑料袋中，在冰箱里可存放约1周。

2 以大火快炒或油炸青椒、彩椒，可促进维生素A的释放和吸收。

青椒、彩椒饮食宜忌

1 青椒具刺激性，容易引发痔疮，痔疮患者不宜多食。

2 在溃疡、咽喉肿痛等发炎症状期间，应避免吃青椒类食物，以免加重症状。

青椒香炒皮蛋

强化免疫细胞＋抗氧化

材料：

青椒150克，皮蛋2个，辣椒1根，大蒜3瓣

调味料：

橄榄油2小匙，酱油1大匙，香油1小匙，细砂糖1/4小匙

做法：

❶ 皮蛋放入沸水中煮5分钟，捞出泡冷水至凉，再取出剥壳，切小块。

❷ 青椒洗净，切片；辣椒、大蒜切碎。

❸ 热油锅，炒香大蒜末和辣椒末，加青椒片略炒，再加入皮蛋块炒匀。

❹ 加酱油和细砂糖，炒至酱油收干，淋上香油即可。

提升免疫功效

青椒的化合物具有很强的抗氧化作用；青椒含有丰富的维生素C，可强化免疫细胞（如T细胞）、干扰素的作用，增强人体的免疫功能。

彩椒三文鱼丁

增强抗病力＋抗老防衰

材料：

三文鱼、小黄瓜各100克，红色彩椒、黄色彩椒各10克，鸡蛋1个，姜1块，大蒜3瓣

调味料：

橄榄油2大匙，白糖1小匙，盐、淀粉各少许

做法：

❶ 将三文鱼、红色彩椒、黄色彩椒和黄瓜洗净，切丁；大蒜、姜洗净，切末；鸡蛋取蛋白。

❷ 用盐、白糖和蛋白腌渍三文鱼丁约10分钟，再用小火煎至八分熟后起锅，备用。

❸ 热油锅，将大蒜末、姜末、双色彩椒丁、黄瓜丁入锅，以水淀粉勾芡，再放入三文鱼丁翻炒即可。

提升免疫功效

彩椒富含花青素，有助于抗老防衰、调节免疫力；三文鱼中的精氨酸能强化免疫力，虾红素可帮助抗氧化。

醋拌彩椒西蓝花

提高免疫力＋防止细胞变异

材料：

西蓝花120克，红色彩椒、黄色彩椒各50克

调味料：

橄榄油、水果醋各1大匙

做法：

1. 西蓝花洗净，切小朵，用沸水汆烫，沥干；红色彩椒、黄色彩椒洗净，切长条。
2. 西蓝花和彩椒条放入盘中，加橄榄油和水果醋，拌匀即可食用。

提升免疫功效

红色彩椒、黄色彩椒含丰富的β-胡萝卜素、维生素C，能提升人体免疫系统功能，预防癌症。

提升免疫功效

红色彩椒、黄色彩椒多样的色彩，代表含有丰富的植物光感化合物。此类化合物有很强的抗氧化作用。

金枪鱼拌彩椒酱

预防细胞癌化＋抗氧化

材料：

红色、黄色彩椒各60克，金枪鱼300克，大蒜2瓣

调味料：

胡椒粉1/2小匙，盐1/4小匙

做法：

1. 金枪鱼和红色彩椒、黄色彩椒用水汆烫后，沥干备用；大蒜切末。
2. 将金枪鱼捣碎，加入大蒜末和调味料拌匀，装盘备用。
3. 彩椒、60毫升冷开水加入果汁机中，均匀搅打成酱。
4. 将搅打好的彩椒酱淋在金枪鱼上即可。

美白防老，清除体内多余过氧化物

西红柿

提升免疫有效成分

维生素A、维生素C、番茄红素

食疗功效

预防牙龈出血
增强免疫力

- **别名：** 番茄、甘仔蜜
- **性味：** 性凉，味甘、辛
- **营养成分：** 蛋白质、糖类、番茄红素、维生素A、维生素B_1、维生素B_2、维生素B_6、维生素C、维生素K、维生素P、叶酸、泛酸、钙、铁、磷、镁、锌、β-胡萝卜素

○ **适用者：** 一般人皆可　✗ **不适用者：** 体质虚寒者、肠胃虚弱者

西红柿为什么能提升免疫力?

1 西红柿中的番茄红素，具有独特的抗氧化功能，可清除人体内导致衰老和疾病的自由基，有效降低血浆胆固醇浓度，使脱氧核糖核酸和基因免遭破坏，有助抑制细胞突变。

2 西红柿含有维生素A，是维持正常视力的重要营养成分，也是促进细胞生长和组织健康的必需物质，可增强人体对传染病的抵抗力；对于牙齿和骨骼的生长，亦有一定帮助。

西红柿主要营养成分

1 西红柿含有蛋白质、糖类、钙、铁、磷、镁、锌、硒、β-胡萝卜素和番茄红素等营养成分。

2 西红柿含维生素A、维生素B_1、维生素B_2、维生素B_6、维生素C、维生素K、维生素P、叶酸、泛酸等营养成分。

西红柿食疗效果

1 西红柿含B族维生素，多吃有助于促进皮肤健康，加强皮肤防晒的能力，延缓衰老。

2 西红柿含有钙、铁、磷、镁、锌，有助于神经传导物质生成，可以让大脑保持灵活，帮助提升学习力；对舒缓生理不适、预防慢性胃病也有一定的效果。

3 西红柿含有丰富的维生素C，对促进血液循环、美白皮肤、增强免疫力、预防骨质疏松、消除疲劳均有一定的功效。

西红柿选购和食用方法

1 选购西红柿时，应以颜色鲜艳、有光泽、无裂痕或无病斑者较佳。上等的西红柿果实饱满、色泽均匀、熟度适中且硬度高；如过软，即表示西红柿不好或过熟易烂。

2 西红柿的番茄红素和胡萝卜素是脂溶性的，必须经过油脂和加热烹调，才能被释放出来，利于人体吸收。

西红柿饮食宜忌

1 青西红柿不可生食。因为含有鞣酸和龙葵素，对肠胃负担较重，吃多了容易出现恶心、呕吐的症状。

2 西红柿性凉，手脚冰冷和肠胃较弱者不宜多吃。

爽口西红柿沙拉

强化免疫力＋缓解胃病

材料：

中型西红柿4个

调味料：

橄榄油4大匙，柠檬汁3大匙，细砂糖2大匙，盐、胡椒各适量

做法：

1. 西红柿洗净，连皮切成厚片。
2. 所有调味料调匀。
3. 将西红柿片整齐排在浅盘上，淋上所有调味料，腌渍4～5小时至入味，即可食用。

提升免疫功效

西红柿富含维生素A，能促进细胞组织健康，增强免疫力；还可缓解口疮、胃热、高血压、胃及十二指肠溃疡等疾病的症状。

黄豆西红柿炒蛋

抗氧化＋增强抗病力

材料：

西红柿100克，黄豆30克，鸡蛋1个，洋葱1/2个

调味料：

橄榄油、白糖各2小匙，西红柿酱20克，盐3克

做法：

1. 将黄豆煮熟；西红柿去皮切块；洋葱切小块；鸡蛋打成蛋液。
2. 热油锅，翻炒洋葱块及黄豆，炒到洋葱块变软。
3. 最后加50毫升水、西红柿块、蛋液、调味料，将火调小，炒约10分钟即可。

提升免疫功效

西红柿含丰富的番茄红素，抗氧化效果显著，可抑制细胞发生癌变，阻断肿瘤生长；也有助于增强人体的抗病力。

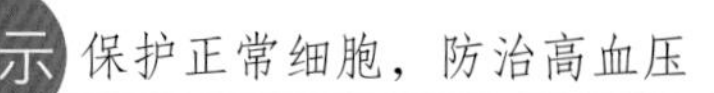

茄子

提升免疫有效成分

胡萝卜素、类黄酮素

食疗功效

保护血管
抗氧化、抗老化

- **别名：** 落苏、昆仑瓜
- **性味：** 性寒，味甘
- **营养成分：** 蛋白质、糖类、维生素A、维生素B_1、维生素B_2、维生素B_6、维生素C、维生素E、维生素K、维生素P、叶酸、泛酸、钙、铁、磷、钾、钠、铜、镁、锌、硒

○ **适用者：** 普通人、皮肤容易产生瘀斑者　✗ **不适用者：** 体质虚弱者、脾胃虚寒者

茄子为什么能提升免疫力？

1 茄子富含胡萝卜素和黄酮类化合物，这些植化素可增强体内抗氧化物质的活性，减少自由基攻击正常细胞的机会，可达到抗衰老、增强抵抗力的效果。

2 茄子属于碱性食物，低热量、高膳食纤维；且富含维生素和矿物质，可帮助清除血脂和体内毒素，抑制消化系统肿瘤的增生，增强免疫系统功能。

茄子主要营养成分

1 茄子含有蛋白质、糖类、维生素A、维生素B_1、维生素B_2、维生素B_6、维生素C、维生素E、维生素K、维生素P、叶酸、泛酸、胡萝卜素、类黄酮素以及膳食纤维等营养成分。

2 茄子还含有钙、铁、磷、钾、钠、铜、镁、锌、硒等矿物质。

茄子食疗效果

1 茄子中的维生素P，可帮助防止毛细血管破裂，预防瘀血产生；亦有助于预防牙龈出血，而且能减轻更年期女性潮红发热的症状。

2 茄子中的葫芦巴碱、胆碱，进入小肠后，可帮助胆固醇排出体外，减少高血压和动脉硬化的发生。

3 茄子含大量的钾。钾能帮助维持人体酸碱平衡，且能排除过多的水分，避免水肿；对于高血压患者和饮食过咸的人来说，是理想的保健蔬菜。

4 茄子含花青素，可保护眼睛健康，减缓眼睛黄斑病变，还能防止皮肤衰老。

茄子选购和食用方法

1 购买茄子时，挑选上方有瓜蒂附着，而且色泽深黑、果体坚硬者为佳。

2 茄子的营养成分不耐高温油炸，且油炸茄子易吸油而增加热量；若想获得茄子完整的营养又不发胖，最好以汆烫或清蒸方式烹调为宜。

茄子饮食宜忌

1 夏天食用茄子有助于清凉解暑。对于容易长痱子、生疮疖的人来说，常吃茄子可以获得明显的改善。

2 茄子性寒，体质虚弱或脾胃虚寒者不宜多食。

彩椒拌双茄

抑制细胞癌变＋抗氧化

材料：

茄子150克，西红柿2个，黄色彩椒1个，罗勒叶20克

调味料：

橄榄油1大匙，柠檬汁少许，盐、酱油各1/2小匙

做法：

1. 所有材料洗净；茄子和黄色彩椒切长薄片；西红柿切薄片。
2. 将茄子片、黄色彩椒片、西红柿片放入热水烫3分钟，捞起放凉。
3. 放入所有调味料搅拌，放置冰箱中冷藏1小时，食用前撒上罗勒叶即可。

提升免疫功效

茄子含有胡萝卜素，可有效抑制上皮细胞癌变；茄子中蛋白质和钙的含量比西红柿高，对提升免疫力很有帮助。

橘香紫苏茄

提升免疫力＋减少有害菌

材料：

茄子100克，紫苏叶20克，白芝麻少许

调味料：

金橘酱2大匙

做法：

1. 茄子洗净，切小段，泡水3分钟。
2. 将茄子段放入蒸锅中蒸熟。
3. 食用时，以紫苏叶包裹茄子段，再蘸适量金橘酱，撒上白芝麻即可。

提升免疫功效

茄子具有促进胃肠蠕动、减少有害菌产生、增强人体免疫系统功能的作用，还可抑制上皮细胞癌变，是保健强身的好食物。

豆菜芽菜类

豆菜、芽菜类，如豌豆、四季豆、毛豆、豆芽等，富含维生素A、B族维生素、维生素C，具有抗氧化功能，有助于人体清除自由基，增加血管弹性，还能维持免疫系统运作正常。

豆类发芽时，会促使豆中淀粉和脂肪含量降低，营养丰富、易消化，且吃起来清脆爽口。常吃豆菜、芽菜，可保持体内酸碱平衡，提升免疫力。

豆菜、芽菜还含多种氨基酸，可提高人体抗病能力和恢复能力，其植物性激素对细菌有一定的抑制作用。

提示 可润肤抑菌，降低癌症发病率

豌豆

提升免疫有效成分

B族维生素、胡萝卜素、蛋白质

食疗功效

修复受损细胞
增加乳汁分泌

- **别名：** 甜豆、荷兰豆
- **性味：** 性平，味甘
- **营养成分：** 蛋白质、脂质、糖类、膳食纤维、维生素A、B族维生素、维生素C、维生素E、铁、钙、磷、钾、钠、胡萝卜素

○ **适用者：** 普通人、哺乳妇女　✗ **不适用者：** 肠胃虚弱或消化不良者、痛风患者

豌豆为什么能提升免疫力?

1 豌豆是植物性蛋白的极佳来源，尤其含有谷类蛋白质所缺少的赖氨酸，可以提高人体抗病和复原的能力。

2 豌豆中含有植物凝集素，对金黄色葡萄球菌、伤寒杆菌、大肠杆菌有抑制作用，可刺激淋巴细胞，具有增强免疫力的作用。

豌豆主要营养成分

1 豌豆含有蛋白质、脂质、糖类、维生素A，烟酸等B族维生素，维生素C、维生素E、铁、钙、磷、钾、钠、胡萝卜素和膳食纤维的含量也很丰富。

2 豌豆尤其富含维生素B_1，维生素B_2和烟酸的含量也比其他豆类高。

豌豆食疗效果

1 豌豆含胡萝卜素，在人体内可转化为维生素A，多吃可改善皮肤干燥和眼睛干涩、视力模糊的情形，且可抑制人体内致癌物质的形成，降低患癌概率。

2 豌豆含丰富的蛋白质，可帮助儿童和青少年成长发育，也能修复受损或老化的细胞。

3 豌豆含丰富的叶酸，有助于胎儿、婴幼儿神经细胞和脑细胞的发育，适合孕妇多吃。

4 中医认为，豌豆可使小便顺畅，除烦止渴，并能治疗痉挛、水肿、慢性腹泻、子宫脱垂等病症；研磨成粉外用，可治疗疔疮、皮肤炎。

5 豌豆含膳食纤维，能促进胃肠蠕动，有利人体对食物的消化和吸收，还可清肠。

豌豆选购和食用方法

1 豌豆仁、豌豆角、豌豆苗营养丰富。挑选时以颜色翠绿、质地挺脆为上品；干豌豆磨粉，可制成粉丝、凉皮或点心。

2 豌豆不宜用地下水或泉水等硬水煮食，因硬水中的钙会和豌豆中的豆类蛋白结合，不易为人体消化、吸收。

豌豆饮食宜忌

1 哺乳妇女吃豌豆，可增加乳汁分泌量。乳腺炎、乳汁不通者，也适合食用豌豆。

2 豌豆吃多了容易腹胀，肠胃虚弱或消化不良者不宜大量食用。

3 豌豆的嘌呤含量颇高，痛风患者急性发作期应避免食用。

松子鸡丝沙拉

提升抗病力＋强身防癌

材料：

鸡胸肉120克，红色彩椒40克，豌豆、松子仁各15克

调味料：

玫瑰花浓露2小匙

做法：

❶ 所有材料洗净；鸡胸肉汆烫，沥干，切丝；红色彩椒去籽，切丝；豌豆去头尾，汆烫，捞出沥干。

❷ 将松子仁放入烤箱，以低温烤熟，取出。

❸ 最后将鸡胸肉丝、红色彩椒丝、豌豆和松子仁摆盘，淋上玫瑰花浓露拌匀即可。

提升免疫功效

豌豆可抑制致癌物质形成，提升抗病力；松子中的植物营养成分，能提升免疫球蛋白IgE、IgG的含量，增强免疫力。

糖醋山药

减少自由基伤害＋祛病养生

材料：

山药300克，姜20克，胡萝卜、豌豆各50克，高汤100毫升

调味料：

橄榄油、白糖、西红柿酱、醋各1大匙，盐1/2小匙

做法：

❶ 所有材料洗净；山药去皮切块；胡萝卜切块；豌豆去蒂头和硬茎；姜切片备用。

❷ 热油锅，爆香姜片，放入山药块、胡萝卜块、高汤拌炒，至汤煮沸转小火炖煮至熟。

❸ 放入豌豆和剩余调味料拌匀，煮至滚沸。

提升免疫功效

山药含多种氨基酸、多糖类物质，能保持身体组织功能正常，提升免疫力；胡萝卜中的β-胡萝卜素，有助于降低疾病的发生率。

蒜香干贝豌豆

高钾高纤维＋稳定血压

材料：

豌豆300克，干贝20克，黄色彩椒、红色彩椒各适量，大蒜10克

调味料：

橄榄油2小匙，香油1小匙，盐1/6小匙

做法：

1. 所有材料洗净，沥干；干贝用水泡软后，切丝；大蒜切碎。
2. 热油锅，爆香大蒜末，加入干贝丝炒香。
3. 放入豌豆、双色彩椒、香油、盐，翻炒至熟即可起锅。

提升免疫功效

豌豆富含钾和膳食纤维，可平衡血钠、稳定血压；其中所含的胡萝卜素在体内会转化为维生素A，是极佳的抗氧化物。

洋菇炒豌豆

调节体质＋增强免疫力

材料：

洋菇150克，豌豆100克，紫洋葱丝50克，大蒜末、西芹末各少许

调味料：

橄榄油2小匙，盐、胡椒粉、白酒各适量

做法：

1. 洋菇以盐水清洗，切片，备用。
2. 橄榄油倒入锅中烧热，爆香大蒜末、紫洋葱丝，加入豌豆、洋菇片大火快炒。
3. 转小火，再依序加入盐、胡椒粉、白酒快速炒匀。
4. 最后撒上西芹末，即可熄火起锅。

提升免疫功效

豌豆富含优质蛋白质，能提升免疫力；洋菇所含的特殊不饱和脂肪酸，能促进体内雌激素的分泌，调节身体功能，增强免疫力。

提示 可稳定血糖，调整免疫系统

四季豆

提升免疫有效成分

B族维生素、胡萝卜素、蛋白质

食疗功效

稳定血糖

改善便秘

● **别名：** 敏豆、菜豆

● **性味：** 性平，味甘

● **营养成分：**

糖类、蛋白质、维生素A、B族维生素、维生素C、维生素K、钙、铁、磷、钾

○ **适用者：** 普通人、糖尿病患者　✗ **不适用者：** 肠胃虚弱者

四季豆为什么能提升免疫力？

1 四季豆含有锌，可促使激素正常分泌，促进组织再生，调整因生理变化导致的免疫紊乱，使人体发挥最佳免疫功能。

2 四季豆富含维生素A、维生素C，具有抗氧化的功能，有助于人体清除细胞内的自由基，可以增加血管弹性，帮助维持身体免疫功能正常运作。

四季豆主要营养成分

四季豆主要含蛋白质、糖类、氨基酸、维生素A、维生素B_1、维生素B_2、维生素C、钙、铁、磷等营养成分。

四季豆食疗效果

1 四季豆含丰富的膳食纤维，可抑制血糖急速上升，故可控制糖尿病患者的血糖水平。

2 四季豆含有的膳食纤维，不仅有助于胃肠蠕动，还能改善便秘，降低胆固醇，降低大肠癌的发生率。

3 四季豆含植物性雌激素，可抑制相关癌细胞生成，对乳腺癌、前列腺癌有预防作用。

4 四季豆含大量蛋白质和氨基酸，可促进人体修复受损的细胞；同时能辅助制造激素和酶，平衡血液酸碱值，帮助排除体内不必要的废物。

5 四季豆含有钾、镁等矿物质，能帮助稳定血压，维持心脏正常运作，亦可改善水肿症状。

四季豆保存和选购方法

1 四季豆耐久放，若以纸张包裹封存于塑料袋内，可存放于冰箱约3周。

2 挑选四季豆时，以豆荚外皮光滑平顺、大小粗细均匀者较嫩；若是豆仁颗粒太凸出者，表示质地较老，不新鲜。

四季豆饮食宜忌

1 生的四季豆里含有皂苷，会刺激黏膜组织，切勿生食或榨汁饮用。否则可能会出现头晕、呕吐、腹泻等不适症状。

2 四季豆不宜和醋一起食用。醋中的酸性物质会破坏四季豆中的类胡萝卜素，使其营养价值大打折扣。

3 四季豆和小鱼干最好不要同食，以免形成草酸钙，影响人体对钙质的吸收。

姜丝四季豆

活化淋巴细胞＋防癌抗癌

材料：

四季豆300克，姜30克，辣椒20克

调味料：

橄榄油2小匙，盐1/4小匙，胡椒粉、香油各1/2小匙

做法：

❶ 全部材料洗净；四季豆切段；辣椒、姜切丝，备用。

❷ 热油锅，爆香辣椒丝、姜丝，加入四季豆段一起翻炒。

❸ 起锅前，加入盐、胡椒粉、香油调味拌匀即可。

提升免疫功效

四季豆中的皂苷成分，能激发淋巴细胞活力，提升人体的免疫功能；辣椒中的辣椒素，能提升人体免疫细胞功能，防癌抗癌。

干煸四季豆

改善便秘＋增强免疫力

材料：

四季豆350克，猪肉馅1大匙，葱15克，大蒜、姜各10克，辣椒5克

调味料：

橄榄油2小匙，白糖1小匙，盐1/2小匙，酱油少许

做法：

❶ 所有材料洗净；四季豆切除头尾；葱、姜、大蒜、辣椒切末。

❷ 热油锅，放入四季豆炸至略呈黄色，捞起放凉后，再放入锅中略炸，盛出备用。

❸ 爆香葱末、姜末、大蒜末，加入猪肉馅炒香，再加四季豆和其余调味料，炒匀后，撒上辣椒末略炒即可。

提升免疫功效

四季豆含膳食纤维，有助胃肠蠕动，改善便秘，还可降低大肠癌发病率；猪肉中的优质蛋白质有助于形成免疫蛋白，增强免疫力。

提示 防止毒素附着肠道，维持肠道免疫功能

毛豆

提升免疫有效成分

蛋白质、亚油酸、大豆异黄酮

食疗功效

降低胆固醇
改善更年期症状

● **别名：** 青皮豆、枝豆

● **性味：** 性平，味甘

● **营养成分：**
蛋白质、脂质、糖类、维生素A、B族维生素、维生素C、维生素E、胡萝卜素、铁、钾、钙、磷、镁、锰、锌、铜、膳食纤维

○ **适用者：** 普通人、中年妇女　✗ **不适用者：** 尿酸过高者、痛风患者、对黄豆类过敏者

毛豆为什么能提升免疫力？

1 毛豆中的蛋白质、植物固醇、皂苷、异黄酮等成分，能增强免疫系统功能，有效防止和降低癌症的发生率。

2 毛豆中含有丰富的膳食纤维，不仅能改善便秘，帮助维持肠道免疫功能运作正常，还有利于降低血压和胆固醇。

3 毛豆含丰富的卵磷脂，可帮助脑部和中枢神经发育，预防阿尔茨海默病的发生。

4 毛豆所含的异黄酮，又称为植物性雌激素，可降低女性罹患骨质疏松症和乳腺癌、子宫颈癌的概率，并能减轻更年期妇女烦热潮红的症状。

毛豆主要营养成分

1 毛豆主要含有蛋白质、脂质、糖类、维生素A、维生素C、维生素E、泛酸、叶酸、烟酸、胡萝卜素、膳食纤维等营养成分。

2 毛豆还含有铁、钾、钙、磷、镁、锰、锌、铜等矿物质。

毛豆食疗效果

1 毛豆含有人体必需的亚麻油酸和次亚麻油酸，可以调节脂肪代谢，有助于降低血液中的甘油三酯和胆固醇。

2 毛豆含有矿物质钙、铁、磷和B族维生素，能有效改善记忆力衰退、失眠、手脚冰冷、情绪不稳、焦虑、多疑、失眠等症状。

毛豆食用方法

1 一般在菜市场买到的剥壳生鲜毛豆，可用来水煮或炒食。超市则可买到冷冻毛豆，或是真空包装的即食蒜味毛豆。

2 当毛豆和谷类食品一起食用时，可提高两者的蛋白质利用率，建议和米、麦、面等主食搭配食用。

毛豆饮食宜忌

1 生毛豆里含有皂苷，一定要煮熟或炒熟后再吃。

2 对黄豆类过敏者，或患有痛风、尿酸过高者不宜多吃毛豆。

毛豆烩丝瓜

防阿尔茨海默病＋提升抗病力

材料：

丝瓜200克，毛豆100克

调味料：

橄榄油2小匙，盐、白糖各适量

做法：

1. 所有材料洗净；丝瓜去皮、切滚刀块，以盐腌渍约10分钟。
2. 热油锅，放入丝瓜块和毛豆翻炒，再加入白糖，烩煮约3分钟即可。

提升免疫功效

毛豆中富含低聚糖类成分，能促进肠道中的有益菌生长，增强人体免疫力；卵磷脂则能延缓脑细胞的老化速度。

西瓜翠衣炒毛豆

增强抵抗力＋抵抗病菌

材料：

西瓜皮200克，毛豆100克，辣椒1个，葱段少许

调味料：

橄榄油2小匙，酱油1小匙，盐1/2小匙

做法：

1. 西瓜去除厚皮和红色果肉部分，留下瓜皮边的白色果瓤，切成细丝。
2. 毛豆煮熟后取出；辣椒洗净后切丝。
3. 热油锅，放入葱段、辣椒丝炒香，加入西瓜白瓤丝一起翻炒。
4. 加入酱油和盐进行调味，最后放入毛豆略炒，即可盛盘。

提升免疫功效

西瓜皮富含维生素C，可增强人体对细菌和病毒的抵抗力；毛豆中的植物固醇、皂苷、异黄酮等植化素，能加强人体抗癌能力。

提示 保护血管，抑制恶性肿瘤生长

豆芽

提升免疫有效成分

B族维生素、胡萝卜素、蛋白质

食疗功效

降低胆固醇

预防口腔溃疡

- **别名：** 芽菜
- **性味：** 性凉，味甘
- **营养成分：** 蛋白质、糖类、氨基酸、维生素A、维生素B_1、维生素B_2、维生素B_6、维生素C、维生素E、泛酸、叶酸、胡萝卜素、钙、铁、钾、铜、镁、膳食纤维

○ **适用者：** 普通人、口腔溃疡者　✗ **不适用者：** 体质虚寒者、计划怀孕的妇女

豆芽为什么能提升免疫力？

1 常吃豆芽，可提升人体免疫力，且豆芽中的植物活性成分还能分解人体内的亚硝酸胺，达到预防多种消化道恶性肿瘤的作用。

2 豆芽含有亚油酸、维生素E等，有降低胆固醇、防治动脉硬化等作用，可预防冠心病、高血压和高脂血症等病症。

3 从中医的观点来看，豆芽性凉、味甘，能清暑热、解酒毒，在炎炎夏日吃，可防中暑。

4 豆芽含有天门冬氨酸，适合身体疲倦劳累时多吃，具有减少体内乳酸堆积、消除疲劳的作用。

豆芽主要营养成分

1 豆芽主要含有蛋白质、糖类、氨基酸、胡萝卜素、钙、铁、钾、铜、镁、膳食纤维等营养成分。

2 豆芽还含维生素A、维生素B_1、维生素B_2、维生素B_6、维生素C、维生素E、泛酸、叶酸等营养成分。

豆芽食疗效果

1 豆芽含B族维生素，对预防口腔溃疡、脚气病、自主神经失调等病症，均有良好的效果。

2 豆芽含丰富的维生素A、维生素C，能保护皮肤和毛细血管，防止小动脉硬化、血管阻塞，也能预防高血压。

豆芽选购和食用方法

1 选购豆芽时，以芽体完整、硬挺、色泽自然者为佳；若芽体过于肥白，可能是添加了化学药剂，须多留意。

2 将豆芽用沸水汆烫，加少许酱油、香油、醋，凉拌食用，可以醒酒解毒。

豆芽饮食宜忌

1 春季适量食用豆芽，可以帮助预防口角发炎。

2 绿豆芽属性寒食物，故脾胃虚寒的人不宜多吃。

3 豆芽含有植物性激素。想怀孕的女性不宜多吃，否则容易引起月经紊乱，不易受孕。

4 黄豆芽嘌呤含量高，痛风和尿酸过高者不宜过量食用。

凉拌黄豆芽

排毒抗病＋强化免疫功能

材料：

黄豆芽250克，西红柿200克，蒜苗、龙须菜各20克

调味料：

橄榄油、白糖各1小匙，香油1/2小匙，盐、醋各适量

做法：

❶ 所有材料洗净；西红柿切丁；蒜苗斜切成段。

❷ 黄豆芽、龙须菜汆烫，捞起沥干。

❸ 将所有材料、调味料混合拌匀即可。

提升免疫功效

黄豆芽含丰富的叶绿素，可清除、分解体内致癌物质——亚硝酸胺，强化免疫力；龙须菜的膳食纤维有助于排出体内有毒物质。

豆芽海瓜子汤

高纤抗氧化＋抑制癌细胞

材料：

海瓜子150克，黄豆芽60克，葱花适量

调味料：

盐1/4小匙，黑胡椒粉少许

做法：

❶ 海瓜子放入锅中，加水煮沸。

❷ 将黄豆芽、所有调味料加入海瓜子中，一同煮熟。

❸ 撒上葱花即可熄火。

提升免疫功效

黄豆芽除含黄豆的营养成分，还含有类黄酮类的强力抗氧化物，能抑制体内癌细胞生成，增强人体免疫力。

豆类、豆制品

豆类富含维生素E和花青素，能清除体内自由基，强化细胞和器官功能，维持免疫系统正常运作。

对女性来说，黄豆和黑豆含大豆异黄酮，是补充植物性雌激素的最佳来源；含优质蛋白质、B族维生素的红豆、绿豆，可强化肝功能，减轻下肢水肿，还可治疗口角炎和皮肤过敏、青春痘等。

豆类还含有植物性异黄酮、人体必需的多种氨基酸，可抑制癌细胞生长，恢复巨噬细胞和T细胞的免疫能力，是营养丰富的优质食材。

提示 提升人体抗癌力，清除自由基

黑豆

提升免疫有效成分

花青素、大豆异黄酮

食疗功效

强健骨骼 乌黑头发

● 别名：乌豆、黑大豆

● 性味：性平，味甘

● 营养成分：

蛋白质、糖类、氨基酸、花青素、维生素A、维生素B_1、维生素B_2、维生素C、维生素E、泛酸、叶酸、胡萝卜素、钙、铁、钾、铜、镁、膳食纤维

○ 适用者：普通人、欲乌黑头发者 ✗ 不适用者：肠胃虚弱者

黑豆为什么能提升免疫力？

1 黑豆含丰富的抗氧化物质，如维生素E和花青素，能清除体内的自由基，减缓老化，保持免疫系统功能正常运作。

2 黑豆含人体所需的氨基酸和黑豆多糖体，能帮助造血及促进血液循环，并增强人体免疫力。

黑豆主要营养成分

1 黑豆主要含蛋白质、糖类、氨基酸、花青素、维生素A、维生素B_1、维生素B_2、维生素C、维生素E、泛酸、叶酸、胡萝卜素、钙、铁、钾、铜、镁、膳食纤维等营养成分。

2 每100克黑豆中，含钙370毫克，属于高钙食物。

3 黑豆的蛋白质含量高达40%，比鸡蛋和牛奶高。

黑豆食疗效果

1 黑豆含有花青素，是一种抗氧化成分，能消除体内的自由基，改善维生素C缺乏症、泌尿系统感染、动脉硬化、白内障、视网膜病变等病症。

2 中医古籍记载，黑豆性平、味甘，无毒，“服食黑豆，令人长肌肤、益颜色、填筋骨、增气力、补虚能食、延年益寿”，为医食俱佳的养生保健食品。

3 黑豆钙含量高，除了能维持体内酸碱平衡，帮助骨骼成长和发育，还可预防失眠和神经衰弱等症状。

4 黑豆含异黄酮，可促进人体对钙的吸收，预防骨质疏松症，还能改善女性更年期心悸、烦热潮红、失眠等症状。

黑豆食用方法

1 黑豆可制成黑豆粉、黑豆茶、碳焙黑豆、荫油、豆豉、味噌、蜜黑豆等食用，或浸酒入药。

2 黑豆亦可炖煮或搅打成黑豆浆；发芽的黑豆芽可作蔬菜食用。

黑豆饮食宜忌

1 多吃黑豆，容易让人出现腹胀，所以脾虚、消化不良者最好少吃。

2 黑豆未经加热就食用，易产生腹痛等不适症状，最好不要生吃黑豆。

醋渍黑豆时蔬

强化巨噬细胞功能＋防动脉硬化

材料：

渍黑豆80克，大蒜5克，鸡蛋1个，香菜适量，豌豆苗、胡萝卜、洋葱各20克

调味料：

橄榄油、寿司醋各1大匙

做法：

1. 鸡蛋煮熟后，去壳切碎；胡萝卜切丝；豌豆苗洗净备用。
2. 将洋葱、大蒜、香菜切碎，混合橄榄油、寿司醋，制成酱汁。
3. 将胡萝卜丝、豌豆苗放入盘中，加入渍黑豆，淋上酱汁，最后撒上鸡蛋碎即可。

提升免疫功效

黑豆中的皂苷可提升免疫力，增强巨噬细胞功能，还能抑制脂肪吸收，并促进其分解，是预防动脉粥样硬化的优质食物。

黑豆香梨盅

抑制炎症＋增强免疫力

材料：

水梨1个，黑豆10克

调味料：

白糖1小匙

做法：

1. 将水梨清洗干净，切开顶端，挖去果肉以及果核。
2. 将黑豆、白糖放入梨中，加水120毫升，盖上顶盖，隔水蒸熟后即可食用。

提升免疫功效

黑豆富含维生素A、维生素E，能增强免疫力，促进健康；还能修复受损的呼吸道上皮细胞，抑制发炎，改善咳嗽、鼻炎、咽喉痛等症状。

黑豆鱼片汤

调治维生素C缺乏症＋消除自由基

材料：

黑豆50克，鱼片3片（约100克），姜3片，葱花少许

调味料：

盐、香油各2小匙，茴香粉、米酒各1小匙

做法：

1. 黑豆洗净，蒸熟备用。
2. 将蒸好的黑豆放入小锅中煮，加入鱼片、姜片和所有调味料，煮至鱼肉熟透。
3. 起锅装盘，撒上葱花即可。

提升免疫功效

黑豆中的花青素，除了能消除体内的自由基，还能提升自然杀伤细胞攻击癌细胞的能力，并调治维生素C缺乏症和预防动脉硬化等。

首乌黑豆炖鸡

降低血压＋降胆固醇

材料：

何首乌、黑豆各10克，姜片30克，鸡肉块200克

调味料：

米酒1小匙

做法：

1. 将何首乌、黑豆、姜片和水一起放入汤锅中熬煮。
2. 把鸡肉块加入汤锅中一起炖煮。
3. 起锅前加入米酒，略煮即可。

提升免疫功效

黑豆富含异黄酮，能降血压和胆固醇；何首乌具有促进细胞增生、分化和生长的作用，可加速T细胞成熟和分化，提升免疫力。

利尿消肿，预防消化道肿瘤

红豆

提升免疫有效成分
皂苷、铁、蛋白质

食疗功效
消除水肿
红润肌肤

- **别名：** 赤豆、红小豆
- **性味：** 性平，味甘
- **营养成分：** 蛋白质、糖类、脂肪、膳食纤维、维生素B_1、维生素B_2、钙、铁、磷、钾、皂苷

○ **适用者：** 普通人、女性月经期、产妇 ✗ **不适用者：** 尿频、消化功能虚弱者、膀胱疾病及肾病患者

红豆为什么能提升免疫力？

1 红豆含有丰富的蛋白质、人体必需的氨基酸，常吃可以净化血液、消除疲劳，增强免疫力。

2 红豆是补充铁质的好食物，常吃可改善苍白脸色，舒缓痛经，补充体力。

红豆主要营养成分

1 红豆含有蛋白质、糖类、脂肪、膳食纤维、烟酸、钙、铁、磷、钾、皂苷等营养成分。

2 红豆中的B族维生素含量颇高。

红豆食疗效果

1 红豆富含B族维生素，是人体代谢蛋白质和脂肪的重要辅助营养成分。

2 红豆中的维生素B_1，可预防下肢水肿、维持神经系统和心脏血管系统的正常运作；维生素B_2可治疗口角炎和皮肤过敏、青春痘等症状。

3 妇女吃不加糖的红豆汤，可帮助消除脸部和下半身的水肿；且红豆具有补铁的作用，常吃可使肌肤红润。

4 红豆富含膳食纤维，能增加胃肠蠕动，清除肠内废物，预防便秘，对于大肠癌和直肠癌亦有预防的作用。

5 红豆中富含皂苷，可帮助减少脂肪吸收，促进排尿，消除心脏病或肾病所引起的水肿。

红豆食用方法

1 红豆的烹调方式多以熬煮成红豆汤，或做成豆沙馅、豆沙包、豆沙酥饼、豆沙面包、羊羹、红豆冰等甜点为主。

2 煮红豆汤时，需先将红豆洗净并在水中浸泡6～8小时，再放入电饭锅，以蒸饭的方式蒸2次；起锅前再加糖调味，以免红豆久煮不烂。

红豆饮食宜忌

1 红豆富含铁质，不宜和红茶、咖啡一起食用。

2 月经期间的女性多吃红豆汤，可促进血液循环，帮助经血顺畅排出。

3 红豆含钾，能利尿，膀胱疾病、肾病患者不宜多吃。

椰汁红豆粥

利尿排毒＋预防癌症

材料：

大米100克，红豆40克，莲子20克，百合10克，椰浆60毫升

调味料：

冰糖3大匙

做法：

1. 所有材料洗净；红豆泡水至略微胀大，放入蒸锅蒸30分钟。
2. 大米、百合和莲子倒入电饭锅，加水，按下开关；煮至开关跳起后取出，倒入汤锅中。
3. 加入红豆、椰浆和冰糖，改小火煮至冰糖溶化后，熄火即可。

提升免疫功效

红豆含丰富的膳食纤维，能帮助体内排出有毒物质；所含的皂苷，能对抗自由基的侵害，具有预防癌症的效果。

红豆糙米饭

强化免疫力＋保护呼吸道

材料：

糙米100克，红豆20克

做法：

1. 红豆和糙米洗净，一同泡水8小时。
2. 将红豆、糙米和适量水放入锅中，蒸熟后焖一下，即可盛出食用。

提升免疫功效

红豆和糙米含B族维生素，可增强免疫力。吸烟者、气喘者和过敏性鼻炎患者可适量补充，以保护呼吸道。

提示 解毒、降血压，防止自由基伤害人体

绿豆

提升免疫有效成分

皂苷、蛋白质、维生素C

食疗功效

清热解毒 改善过敏

● **别名**：植豆、青小豆

● **性味**：性寒，味甘

● **营养成分**：

蛋白质、糖类、B族维生素、维生素C、维生素E、钙、锌、铁、镁、磷、膳食纤维、胡萝卜素、皂苷、类黄酮、植物固醇

○ **适用者**：普通人、过敏体质者　✗ **不适用者**：脾胃虚寒、腹泻者

绿豆为什么能提升免疫力？

1 绿豆含有植物性异黄酮和人体必需的多种氨基酸，可抑制癌细胞生长，恢复巨噬细胞、T细胞的免疫力。

2 绿豆富含胡萝卜素和维生素C、维生素E，可增强人体对抗自由基的作用，并具有抗氧化、预防病毒入侵人体的功能。

3 绿豆含丰富的B族维生素，可强化肝功能，帮助解除酒醉，避免酒精性肝炎的产生。

4 从中医观点来说，绿豆具有利尿、消水肿的功用，常吃可促进新陈代谢，降低高血压、脑卒中的发生率。

绿豆主要营养成分

1 绿豆含蛋白质、糖类，烟酸等B族维生素、维生素C、维生素E、膳食纤维、胡萝卜素、皂苷、类黄酮、植物固醇等含量也很丰富。

2 绿豆还含有钙、锌、铁、镁、磷等矿物质。

绿豆食疗效果

1 绿豆具有解毒消炎的作用，特别适合脾胃湿热型、皮肤容易长湿疹的过敏体质者食用。

2 长期身处污染环境或有害环境的工作者，可以多喝绿豆汤来排除体内毒素，以免致癌物质滞留于体内。

绿豆食用方法

1 绿豆除了单纯煮成绿豆汤，还可加入薏苡仁，增加美白润肤的功效。

2 绿豆还可加工制成绿豆饼、绿豆糕、绿豆粉条等美味食品。

3 炎热的夏季，吃一碗不加糖的绿豆稀饭，搭配小菜，不仅开胃，还能帮助消化。

绿豆饮食宜忌

1 体质虚寒的人不可多喝绿豆汤，否则会导致腹泻或消化不良。

2 绿豆有解湿祛热之效，绿豆汤最适宜夏天饮用。

3 绿豆具有解药的效果。服用中药期间，最好不要吃绿豆，或在服药后间隔一段时间再食用，以免影响药效。

藕香绿豆汤

解毒防病＋降低血脂

材料：

冬瓜皮150克，绿豆75克，莲藕粉35克

调味料：

白糖1/2小匙

做法：

1. 冬瓜皮洗净，切块；绿豆洗净，浸泡5小时备用。
2. 锅中放入冬瓜皮、绿豆和水，以大火煮沸后，转小火续煮半小时，再加白糖拌匀。
3. 莲藕粉以少许冷开水调匀后，倒入煮好的冬瓜皮和绿豆汤中，快速拌匀即可。

提升免疫功效

绿豆具有解毒功效，能提升人体免疫力，帮助清除体内有毒物质，减少患病的概率；其丰富的膳食纤维，能降低胆固醇和血脂。

燕麦绿豆粥

促肠蠕动＋清热解毒

材料：

绿豆80克，小米50克，燕麦、糯米各40克

调味料：

冰糖10克

做法：

1. 绿豆洗净，泡冷水约2小时后取出，蒸2小时，取出备用。
2. 其余材料洗净，用冷水浸泡20分钟，放入锅内加水，以大火煮沸。
3. 加入蒸好的绿豆，转成小火熬煮约45分钟，最后加入冰糖调味即可。

提升免疫功效

小米可滋阴补肾，适合年长者或免疫力差者食用；绿豆、燕麦和小米富含膳食纤维，有助肠道蠕动、排除体内废物。

镇定大脑神经，缓解女性更年期不适症状

黄豆

提升免疫有效成分

皂苷、卵磷脂、大豆异黄酮

食疗功效

补充雌激素
降胆固醇

● **别名：** 黄大豆、大豆

● **性味：** 性平，味甘

● **营养成分：**
蛋白质、糖类、脂肪、氨基酸、维生素A、B族维生素、维生素E、钙、铁、磷、镁、纤维、皂苷、卵磷脂、大豆异黄酮

○ **适用者：** 普通人、素食者　✗ **不适用者：** 尿酸过高者、痛风患者

黄豆为什么能提升免疫力？

1 黄豆油脂中含丰富的维生素E，是天然的抗氧化剂。和其他抗氧化剂产生协同作用时，能强化人体细胞和器官功能，维持心脏血管和免疫系统的健康。

2 黄豆中的B族维生素，可维护神经系统稳定，增加能量代谢，有助于对抗压力，提升人体免疫力。

黄豆主要营养成分

1 黄豆主要含有蛋白质、糖类、植物性脂肪、氨基酸、维生素A、维生素B_1、维生素B_2、维生素E、泛酸、叶酸、烟酸、钙、铁、磷、镁、膳食纤维等营养成分。

2 黄豆还含有皂苷、卵磷脂、亚麻油酸、次亚麻油酸、大豆异黄酮等对人体有益的特殊成分。

黄豆食疗效果

1 黄豆含大豆异黄酮，是一种植物性雌激素，作用类似女性激素，除了能舒缓更年期女性的烦热潮红、失眠、手脚冰冷等症状，还可预防骨质流失，降低骨质疏松症的发生概率。

2 黄豆含有大量的甘氨酸和精氨酸，可协助肝脏制造较少的胆固醇，有助降低心脏病的发生率。

3 当人体长期缺乏卵磷脂时，会引起血管硬化和阻塞，甚至导致脑卒中、心肌梗死。黄豆含有丰富的卵磷脂，有助减少血管中的胆固醇堆积。

4 黄豆中的皂苷，可防止体内产生过氧化脂质，抑制脂肪合成和吸收，促进脂肪分解，能减少脂肪肝和肥胖症的发生。

黄豆食用方法

1 黄豆的食用方式，一般以榨油或制成豆制品、豆浆食用为主，亦可制成豆瓣酱、味噌等调味料。

2 黄豆也可直接烹调入菜，如黄豆烧牛肉、黄豆炖猪脚等菜肴。

黄豆饮食宜忌

1 生黄豆含皂毒素和抗胰蛋白酶等成分，食用后易发生恶心、呕吐、腹泻等中毒症状，因此黄豆或豆浆均须煮熟才能食用。

2 黄豆嘌呤含量高，尿酸过高、痛风患者应谨慎食用。

黄豆胚芽饭

活化细胞＋增强抵抗力

材料：

胚芽米150克，黄豆、栗子仁、金针菇、猴头菇各50克

做法：

1. 黄豆泡水3小时，沥干；胚芽米泡水30分钟；金针菇、猴头菇洗净，去除根部备用。
2. 将黄豆、胚芽米拌匀，加水，放入电饭锅蒸熟。
3. 再加入栗子仁、金针菇、猴头菇，续蒸5分钟左右即可。

提升免疫功效

黄豆富含蛋白质，并有多种人体必需的氨基酸，可提高人体免疫力；胚芽米中的B族维生素，能维持细胞活性，增强人体的抗病力。

黄豆栗子粥

保护肝脏＋降胆固醇

材料：

栗子仁100克，糯米90克，花生、黄豆各50克

做法：

1. 所有材料清洗干净；黄豆放入水中浸泡一个晚上。
2. 将所有材料放入锅中，加水熬煮成粥，即可食用。

提升免疫功效

黄豆所含的皂苷，可抑制过氧化脂质对肝细胞的伤害，提高免疫功能；花生含不饱和脂肪酸，能降低胆固醇，预防心血管疾病。

低脂肪、高蛋白，可调节女性内分泌功能

豆腐

提升免疫有效成分

蛋白质、钙、大豆异黄酮

食疗功效

清热解毒
补钙

- **别名：** 老豆腐、嫩豆腐
- **性味：** 性凉，味甘
- **营养成分：** 蛋白质、糖类、不饱和脂肪酸、氨基酸、泛酸、钙、铁、磷、镁、卵磷脂、大豆异黄酮

○ **适用者：** 普通人、幼儿、年长者　✗ **不适用者：** 尿酸过高者、痛风患者

豆腐为什么能提升免疫力？

1 豆腐富含优质蛋白质和卵磷脂，常吃可保护肝脏，促进人体新陈代谢，增强免疫力。

2 豆腐是一种健康养生食材，其营养成分易被人体吸收；保健养生功效甚大，不仅能消脂减肥、降低胆固醇、预防心血管病变，还能延年益寿，帮助维持身体健康。

豆腐主要营养成分

1 豆腐主要含有蛋白质、糖类、不饱和脂肪酸、氨基酸、泛酸、钙、铁、磷、镁、卵磷脂、大豆异黄酮等营养成分。

2 每100克豆腐中的含钙量高达150毫克，属于高钙食材。

豆腐食疗效果

1 豆腐含大豆异黄酮，可调节女性内分泌系统，舒缓更年期烦热潮红、失眠等症状，还有预防皮下脂肪堆积、减少骨质流失等作用。

2 豆腐是低热量、低脂肪、高蛋白质的健康食材，非常适合年长者和肠胃吸收不佳的人食用，对于儿童和青少年的成长发育也有帮助。

3 中医古籍记载，豆腐性凉味甘，具有益气和中、清热解毒、生津润燥之效，对于痢疾、红眼、消渴等病症有食疗效果，并可解硫黄、烧酒之毒。

4 豆腐含有半胱氨酸，能加速人体对酒精的代谢，保护肝脏，减少酒精对肝脏的伤害。

5 豆腐含有的蛋白质，非常容易被人体消化、吸收；钙、镁含量也特别高，对于神经系统的运作、消除压力特别有帮助。

6 豆腐不含胆固醇，又具有降低血压的功效，尤其适合胆固醇高、血压高的心血管疾病患者食用。

7 豆腐口感软嫩、易消化，含铁、钙、镁，对骨骼和牙齿有益，尤其适合儿童适量食用。

8 中医认为，豆腐和小白菜煮汤，可退热；把豆腐和皮蛋一起食用，则可缓解口腔溃疡。

豆腐食用方法

1 豆腐适合多种烹调方式，可煎、炸、炖、煮，或做成冷盘、汤羹、火锅。

2 豆腐也可加工制成豆腐卷、豆腐丸、豆腐包等。

3 豆腐缺少一种人体必需氨基酸，烹调时需搭配肉类、蛋类或鱼类，才能补其不足，使营养更均衡、完整。

4 不喜欢豆腐的豆渣味的人，在烹饪前可用热水略烫豆腐。

豆腐饮食宜忌

1 豆腐性偏凉，胃寒、腹泻、腹胀、脾虚者不宜多吃。

2 豆腐嘌呤含量不低，尿酸过高者、痛风患者宜谨慎食用。

3 豆腐虽有益身体，但长期过量食用，会干扰甲状腺功能，一般人适量摄取为宜。

4 豆腐富含植物性蛋白质，食用过量会增加肾脏负担。老年人的肾功能一般都会随年龄而下降，建议不要过量食用豆腐。

苹果杏仁拌豆腐

产生抗体＋预防癌症

材料：

嫩豆腐300克，苹果100克，炒杏仁果80克，香菇50克

调味料：

香油、盐各3克，白糖5克，醋1小匙

做法：

❶ 嫩豆腐和香菇洗净切块状，用沸水汆烫，捞出沥干，备用。

❷ 苹果去皮去核，洗净，切成块状，放入盐水中以防氧化变色。

❸ 将香菇块、炒杏仁果、苹果块和豆腐块一同放进盘中，加调味料拌匀即可。

提升免疫功效

常食用豆类制品，可摄取较多的异黄酮类，能清除自由基，并促进抗体产生，不仅可提升免疫力，还能预防癌症。

茄汁梅醋拌豆腐

补充营养＋增加抗体

材料：

豆腐100克，西红柿50克，罗勒叶30克

调味料：

橄榄油2小匙，盐1/2小匙，酱油、梅子醋各1小匙

做法：

1. 豆腐洗净切块，放入沸水中汆烫捞起。
2. 西红柿清洗干净，切块；罗勒叶取嫩叶洗净，切碎。
3. 将所有材料倒入碗中。
4. 加入所有调味料拌匀即可。

提升免疫功效

豆腐含卵磷脂，可促进脂肪代谢，降低心血管疾病的发生率；所含的优质植物性蛋白，可提供人体所需养分，增加抗体，提升免疫力。

冰糖枸杞豆腐盅

提升免疫力＋避免感染

材料：

豆腐2块，枸杞子5克

调味料：

冰糖1大匙

做法：

1. 豆腐洗净后切块（花刀），放入碗中。
2. 加入枸杞子、冰糖和水，用蒸锅蒸熟即可食用。

提升免疫功效

豆腐含B族维生素、维生素E、镁、钾、磷、卵磷脂等多种成分，可提供身体所需养分，增加抗体，提升免疫力，降低呼吸道感染概率。

鲜蔬炖豆腐

延缓衰老＋排毒抗癌

材料：

老豆腐200克，洋葱50克，圆白菜100克，胡萝卜60克，四季豆20克，高汤500毫升

调味料：

橄榄油2小匙，酱油1小匙，盐1/2小匙

做法：

❶ 圆白菜、胡萝卜切块；洋葱切成薄片。

❷ 四季豆烫熟后，斜切成细丝状。

❸ 将圆白菜块、胡萝卜块、洋葱片入锅略炒，加高汤煮至滚沸，转小火煮10分钟，加盐续煮至蔬菜熟软。

❹ 放入四季豆丝、酱油、老豆腐，炖煮至熟透后，即可起锅。

提升免疫功效

豆腐可补钙、消脂，预防心血管疾病；洋葱可延缓细胞衰老，增强免疫力；圆白菜能预防感冒，帮助排毒和抗癌。

提升免疫功效

味噌含有一种生物碱，可防止辐射伤害，帮助重金属螯合物从体内排出，可增强人体免疫力，抑制致癌因子在体内生成。

蔬菜豆腐味噌汤

防辐射伤害＋排除重金属

材料：

豆腐100克，圆白菜50克，洋葱30克，小黄瓜2根，葱2根，柴鱼片少许

调味料：

味噌4大匙，香油1小匙

做法：

❶ 圆白菜、小黄瓜、洋葱、豆腐洗净切小块。

❷ 葱洗净切末。

❸ 以香油热锅，放入做法❶中的材料略炒，起锅备用。

❹ 汤锅中加入水；放入做法❸中的材料，煮沸后放入味噌搅拌；待味噌溶解后，撒上葱末和柴鱼片，再略煮即可。

菌菇类

菌菇类含有多糖体类物质，能增强T细胞吞噬病毒的能力，可提高人体免疫功能，且含有水溶性膳食纤维和胶质，可减小肠壁和有害物质的接触面积，帮助人体建立第一道免疫防线；还能防止血液中的胆固醇沉积在血管壁上，预防心血管疾病的发生。

菌菇类也是B族维生素含量较高的食物，常吃可以舒压；对于熬夜工作引起的火气大、口角炎、免疫力低下也有疗效。发育中的儿童和青少年多吃香菇，有助于体内钙质的吸收，促进骨骼生长发育。

提示 提升肠道免疫力，排除呼吸道脏污

黑木耳

提升免疫有效成分

多糖类、胶质、膳食纤维

食疗功效

活血补血
消痔通便

- **别名：** 木茸、云耳
- **性味：** 性平，味甘
- **营养成分：** 蛋白质、多糖类、胡萝卜素、氨基酸、B族维生素、维生素C、钙、钾、磷、胶质、膳食纤维

○ **适用者：** 普通人、高血脂人群　✗ **不适用者：** 凝血功能不全者、腹泻者、手术前后的患者、内出血患者

黑木耳为什么能提升免疫力？

1 黑木耳含有多糖体物质，能刺激人体淋巴细胞的产生，增强T细胞吞噬病毒的能力，可以提高人体的免疫功能，有效预防癌症。

2 黑木耳含有水溶性膳食纤维和胶质，可减少肠壁和有害物质的接触面积，加速排除毒素和废物，帮助肠道建立免疫防线。

黑木耳主要营养成分

黑木耳中含有蛋白质、B族维生素、维生素C、胡萝卜素、氨基酸、葡萄糖、甘露聚糖、木糖、戊糖、钙、钾、磷、胶质、膳食纤维等营养成分。

黑木耳食疗效果

1 黑木耳含有丰富的多糖类、植物活性物质。对于在矿场、纺织厂、印刷厂、面粉加工厂等空气高污染处工作的人来说，常吃黑木耳，能加速排除呼吸道的脏污和肠道的有害废物。

2 黑木耳富含铁，能帮助人体合成红细胞，减少缺铁性贫血的发生。女性常吃，有助于保持脸色红润。

3 黑木耳具有活血化瘀、防止血液凝结的作用，可减少血液中的胆固醇沉积在血管壁，能预防血栓形成，防止脑卒中或动脉硬化，对于中老年人的心血管健康有一定帮助。

黑木耳食用方法

1 黑木耳通常用来当作配菜，切丝或切丁，和肉类、其他蔬菜一同烹调。

2 若想加强黑木耳的功效，可将黑木耳和泡发的银耳，一同放入果汁机中搅打成糊，再放入电饭锅，加冰糖蒸炖约30分钟即可。常食用此糊，可降血压、降血糖，还可通便、消脂。

黑木耳饮食宜忌

1 大便溏稀、急性腹泻期间，不宜吃黑木耳，以免症状加重。

2 黑木耳有抗凝血作用，手术前后的患者、内出血患者不宜食用。

翠笋炒木耳

增强免疫力＋预防癌症

材料：

竹笋180克，豌豆10克，黑木耳35克，芹菜40克，胡萝卜20克

调味料：

橄榄油1小匙，沙茶酱1大匙，香油1/2大匙，酱油1/2小匙

做法：

1. 所有材料洗净；竹笋、黑木耳、胡萝卜切条状；芹菜切段。
2. 热油锅，将竹笋条、芹菜段、黑木耳条、胡萝卜条、豌豆炒熟。
3. 加沙茶酱、酱油和水炒匀，再淋香油即可。

提升免疫功效

木耳富含多糖体，可增强免疫力；竹笋含人体必需的氨基酸，能增强免疫力；胡萝卜富含胡萝卜素，能有效预防皮肤癌。

韭黄木须炒肉丝

杀菌抗癌＋预防感染

材料：

猪里脊肉、韭黄各100克，黑木耳10克，大蒜2瓣，鸡蛋1个（打成蛋液）

调味料：

橄榄油、米酒各1大匙，酱油2大匙，盐1小匙

做法：

1. 材料洗净。韭黄切段；黑木耳切丝；大蒜切末。
2. 猪肉切丝，用酱油和米酒腌渍10分钟，放入油锅炒至半熟，捞出。
3. 锅中留1小匙油，加韭黄段、大蒜末翻炒至熟，再加盐调味。
4. 加入猪肉丝、黑木耳丝和蛋液炒熟即可。

提升免疫功效

黑木耳可提高T细胞吞噬病毒的能力，韭黄能增加自然杀伤细胞的数量。多吃这道菜，有助杀菌，预防感染，抗癌。

木耳炒洋菇

抑制肿瘤＋增加免疫球蛋白

材料：

虾仁100克，洋菇60克，黑木耳、小黄瓜各30克，胡萝卜20克，葱1根

调味料：

橄榄油2小匙，盐、酱油各适量

做法：

1. 所有材料洗净；黑木耳、洋菇切片；胡萝卜、小黄瓜切薄片；葱切段。
2. 热油锅，先将葱段爆香，依序加入黑木耳片、洋菇片、胡萝卜片、虾仁、小黄瓜片热炒，可加少许水一起翻炒。
3. 以盐、酱油调味，即可起锅。

提升免疫功效

木耳多糖能抑制肿瘤，强化免疫力，增加球蛋白，帮助抗体形成；小黄瓜可提升细胞的抗氧化力，抑制癌细胞生长。

提升免疫功效

黑木耳含多糖体，能加速排除呼吸道的脏污、肠道的有害物质，增强免疫力；西红柿中的番茄红素，能保护细胞免受自由基侵害。

红茄烩木耳

保护细胞＋排除毒素

材料：

黑木耳20克，西红柿2个，葱、香茅、香菜各1根，辣椒1/3根，胡椒粒1/3小匙

调味料：

柠檬汁1大匙，鱼露1小匙

做法：

1. 材料洗净。香茅、香菜和胡椒粒放入纱布袋中；西红柿切小块；黑木耳切丝；葱、辣椒切末。
2. 汤锅加水煮沸，放入纱布袋、柠檬汁和鱼露，略煮后取出纱布袋；加入西红柿块和黑木耳丝，烩煮至汤汁略干。
3. 撒上葱末和辣椒末，即可食用。

 防癌抗肿瘤，提升免疫力

姬松茸

提升免疫有效成分

多糖体、麦角固醇、B族维生素

食疗功效

抑制癌细胞
调节生理功能

- **别名：** 姬松茸、柏氏蘑菇
- **性味：** 性平，味甘
- **营养成分：** 蛋白质、多糖类、B族维生素、维生素E、氨基酸、铁、锌、镁、钙、钾、磷、胶质、酶、膳食纤维

○ **适用者：** 普通人、想预防癌症者　✗ **不适用者：** 尿酸过高者，肾炎、尿毒症患者

姬松茸为什么能提升免疫力?

1 研究显示，姬松茸所含的高分子多糖体可调节人体生理功能，促进新陈代谢；同时能减轻疲劳，帮助人体提升免疫力。

2 姬松茸富含麦角固醇，在人体内会转变为维生素D，并在配合多糖类和核酸的作用下，具有抗氧化、预防癌症的功效。

姬松茸主要营养成分

1 姬松茸含酶、膳食纤维、蛋白质、多糖类，烟酸等B族维生素，维生素E、氨基酸、铁、锌、镁、钙、钾等营养成分也很丰富。

2 姬松茸含丰富的高分子多糖体，包括α-D葡聚糖、β-D葡聚糖、β-半乳糖葡聚糖、β-D葡聚糖蛋白质复合体、木糖葡聚糖等。

姬松茸食疗效果

1 姬松茸珍贵稀有，含多种维生素、矿物质、氨基酸，可增强体力，维持健康，预防癌症。

2 姬松茸含相当多的蕈菇类活性物质，具有抑制癌细胞、抗肿瘤生长、提升免疫力、促进免疫细胞成熟等功能。

3 姬松茸富含膳食纤维和胶质，可帮助胃肠蠕动正常，预防胃肠道疾病。

4 姬松茸中的植物固醇可在肠内和脂肪酸结合，使胆固醇从大肠排出，降低血管内胆固醇含量，预防心血管疾病。

5 姬松茸所含的B族维生素、矿物质，是肝细胞再生的重要营养成分，可促进毒素和酒精代谢，减轻肝脏负担。

姬松茸选购和食用方法

姬松茸的鲜品味道清淡、口感滑嫩，适合煎、煮、炒、炸；干品味道较浓郁，泡发后可蒸、煮、煨、熬酱。

姬松茸饮食宜忌

1 痛风和高尿酸血症患者，要谨慎食用高嘌呤的新鲜姬松茸。

2 姬松茸钾含量高，肾炎、尿毒症患者也不宜食用。

腰果双菇汤

活化巨噬细胞＋抗肿瘤

材料：

圆白菜200克，枸杞子10克，生腰果、秀珍菇各50克，姬松茸30克，红枣20克

调味料：

米酒2大匙，低钠盐1/2小匙

做法：

1. 将生腰果、红枣、枸杞子放入汤锅中，加水一起熬煮。
2. 其余材料洗净后加入做法❶的汤锅中一起煮沸。
3. 起锅前加入调味料略煮即可。

提升免疫功效

姬松茸所含的多糖体，可活化免疫细胞，达到抗肿瘤的效果；腰果含大量蛋白酶抑制剂，可抑制癌细胞增生。

提升免疫功效

姬松茸含多糖体，和蛋白质结合，有极佳的抗癌效果；姬松茸的萃取物，可抑制肿瘤增生，强化免疫力。

姬松茸炖鸡

5人份

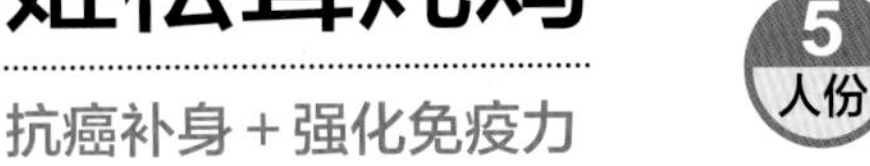

抗癌补身＋强化免疫力

材料：

姬松茸（干）50克，土鸡1只，姜片少许

调味料：

盐少许

做法：

1. 土鸡洗净切块，汆烫备用。
2. 姬松茸先以清水冲洗，再以温水泡软。
3. 将姬松茸放入已加水的锅中，煮沸半小时。
4. 加入土鸡块和姜片，再炖煮约半小时，最后加盐即可起锅。

提示 强身健体，抑制病毒、细菌繁殖

香菇

提升免疫有效成分

香菇多糖体、膳食纤维、氨基酸

食疗功效

增强免疫功能
抗肿瘤

- **别名：** 香蕈、冬菇
- **性味：** 性平，味甘
- **营养成分：** 蛋白质、氨基酸、糖类、脂肪、维生素A、维生素B_1、维生素B_2、维生素C、维生素D、维生素E、钙、磷、铁、锌、膳食纤维、麦角固醇

○**适用者：** 普通人 ✗**不适用者：** 尿酸过高者

香菇为什么能提升免疫力？

1 B族维生素和免疫力的提升有关。体内B族维生素的含量不足，免疫力也会连带下降。香菇富含B族维生素，经常食用，可以帮助对抗压力，提升免疫力，防治癌症。

2 从香菇萃取出来的多糖称为“香菇多糖体”，可活化巨噬细胞、T细胞等免疫细胞的作用，进而对抗肿瘤、抑制癌细胞生长。

香菇主要营养成分

1 香菇含有蛋白质、氨基酸、多糖类、脂肪、麦角固醇、钙、磷、铁、锌、膳食纤维等营养成分。

2 香菇还含有维生素A、维生素B_1、维生素B_2、维生素B_6、维生素B_{12}、维生素C、维生素D、维生素E等成分。

香菇食疗效果

1 香菇含有丰富的膳食纤维，可吸附肠壁上的致癌物、胆固醇，加速粪便排出，促进肠道有益菌繁殖。

2 无论是新鲜的香菇还是干货，都含有丰富的香菇多糖体。研究认为，该成分能有效抵抗癌症的侵袭。在所有菇类中，香菇的抗癌功效是较好的。

3 香菇是高碱性食物，且含有丰富的矿物质和核糖核酸成分，能产生干扰素，促使细菌和病毒失去生长和繁殖的机会，还具有强健体魄、预防感冒和抵御病毒感染的作用。

4 香菇中的麦角固醇含量高，发育中的儿童和青少年多吃，可帮助体内钙质的吸收，促进骨骼发育，预防佝偻病。

香菇选购和保存

1 优质鲜香菇以菇形圆整、菇盖下卷、菇肉肥厚、菌褶呈乳白色且干爽、菌柄短粗鲜嫩者为佳；若表面黏滑、菌褶潮湿出水，则不够新鲜。

2 鲜香菇应在低温（-7℃）下，用透气纸张包裹存放，保存最好不超过3天；干香菇则要密封好，置于避风、阴凉处，注意防潮，以免发霉。

香菇饮食宜忌

1 香菇属于高嘌呤食物，每100克香菇中含306毫克嘌呤。痛风和高尿酸患者若食用过量，容易在体内产生大量尿酸，因此建议谨慎食用。另外，痛风患者在急性发作期，一定要避免食用。

2 香菇的多糖体具有护肝作用，且能增强肝脏的排毒能力，适合肝功能弱的人食用。

3 肾病患者也不宜大量食用香菇，否则大量嘌呤可能影响肾脏的排毒功能。

4 香菇和猪肝不建议一起炒食。香菇中的生物活性物质，会破坏猪肝中的维生素A，使营养价值大打折扣。

5 富含色氨酸的香菇和瘦肉非常适合一同烹煮，有助于消化，并能维护皮肤和神经系统的健康。

6 菇体特别大的香菇不建议购买，因为种植过程中，可能对其进行了激素催肥。经常过量食用这类香菇，有害健康。

双菇拌鸡肉

排除异物+避免感染

材料：

鸡胸肉100克，洋菇25克，小黄瓜30克，胡萝卜20克，新鲜香菇2朵，圆白菜50克

调味料：

柴鱼酱油2小匙，白糖、醋各1小匙，盐、黑胡椒各1/3小匙

做法：

❶ 胡萝卜洗净去皮切丝；圆白菜、洋菇、小黄瓜、香菇均洗净，切片备用。

❷ 将鸡胸肉、圆白菜片、胡萝卜丝、香菇片、洋菇片分别放入沸水中煮熟，捞出待凉后，将鸡胸肉撕成片状。

❸ 所有材料装盘，加盐、白糖和醋拌匀，再撒上黑胡椒、淋上柴鱼酱油即可。

提升免疫功效

菇类含多糖体、B族维生素和锌，可维持免疫细胞活性，排除身体异物；鸡肉亦含B族维生素，能降低呼吸道感染概率。

香菇炒茭白

防细胞癌化+抗氧化

材料：

茭白丝200克，鲜香菇丝100克，大蒜末20克

调味料：

橄榄油2小匙，酱油少许，盐、香油各1/4小匙，白糖1/5小匙

做法：

1. 将鲜香菇丝、茭白丝分别放入沸水中汆烫，沥干备用。
2. 热油锅，加入香菇丝、茭白丝、大蒜末和其余调味料，翻炒均匀即可。

提升免疫功效

研究发现，香菇富含多糖聚合物，而这些聚合物可抑制细胞癌变；白色的茭白含有丰富的植化素，具有很强的抗氧化作用。

枸杞鲜菇

排毒+保护细胞

材料：

鲜香菇80克，泡发银耳50克，枸杞子20克

调味料：

盐、米酒各1/2小匙，橄榄油、香油各1小匙

做法：

1. 枸杞子洗净沥干；鲜香菇汆烫后切块。
2. 热油锅，加入香菇块略炒，再加入银耳、枸杞子炒熟。
3. 最后加入其余调味料拌匀即可。

提升免疫功效

香菇含香菇多糖、β-葡聚糖，能增加免疫力，修复受损细胞，防止细胞突变；含有丰富的膳食纤维，可帮助排出体内废物。

皮蛋香菇粥

帮助制造抗体＋强身抗病

材料：

米饭1/2碗，圆白菜100克，胡萝卜25克，香菇5朵，皮蛋1个

调味料：

盐1/2小匙

做法：

1. 所有材料洗净；香菇、圆白菜、胡萝卜（去皮）切丝；皮蛋切瓣。
2. 汤锅加水煮沸，放入胡萝卜丝，煮软后再加入香菇丝、圆白菜丝、米饭和皮蛋，煮成粥状。
3. 最后加盐调味，即可盛出。

提升免疫功效

皮蛋和香菇能提供丰富蛋白质，帮助人体制造抗体和白细胞，提升免疫力。易感冒或生病病程较长的人，可多食用此粥。

灵芝香菇炖排骨

对抗病毒＋提升免疫力

材料：

灵芝40克，黑枣8颗，排骨200克，香菇6朵，姜2片

调味料：

盐、米酒各1小匙

做法：

1. 灵芝洗净切片；排骨汆烫后沥干水分，剁块；黑枣、香菇分别泡温水，取出洗净备用。
2. 所有食材和调味料放入炖锅中，盖上锅盖，移入已预热的蒸锅中，以大火煮沸后，转中火持续炖煮约2小时，即可取出食用。

提升免疫功效

灵芝中含多糖体，可强化单核细胞活性，提升免疫功能，对抑制活性肿瘤、丙型肝炎和对抗病毒，都有一定的效果。

提示 防癌抗菌，可软化粪便，加速肠道排出废物

洋菇

提升免疫有效成分

多糖体、膳食纤维、B族维生素

食疗功效

增强免疫功能
镇定神经

- **别名：** 蘑菇
- **性味：** 性凉，味甘
- **营养成分：** 蛋白质、糖类、膳食纤维、多糖类、维生素B_1、维生素B_2、维生素B_6、维生素C、钠、钾、钙、镁、磷、铁、锌、胡萝卜素、叶酸

○ **适用者：** 普通人、情绪易焦虑者　✗ **不适用者：** 痛风、肾病患者

洋菇为什么能提升免疫力？

1 洋菇是一种高蛋白、低脂肪的养生食材，富含人体必需的多种氨基酸、矿物质、B族维生素、维生素C和多糖体成分。

2 洋菇含有能抗肿瘤细胞的多糖体和硒，可促进人体的免疫细胞活性，具有预防癌症之功效。

3 洋菇富含甘露醇、海藻糖和大量膳食纤维，食用后可帮助胃肠蠕动，促使排便顺畅，进而间接增强肠道和身体的免疫功能。

洋菇主要营养成分

1 洋菇含有多糖类、膳食纤维、蛋白质、糖类、铁、锌、钠、钙、钾、镁、磷、维生素B_1、维生素B_2、维生素B_6、维生素C、胡萝卜素、叶酸等营养成分。

2 洋菇中的磷含量和鱼肉差不多，铁含量也很高。

洋菇食疗效果

1 洋菇含有蛋白酶和多糖体物质，具有帮助消化、减少呼吸道痰液堆积、调节生理功能的作用。

2 洋菇具有一般新鲜蔬菜所缺少的维生素D，能帮助人体吸收钙质，使骨骼强健、骨质不易流失。

3 洋菇富含烟酸等B族维生素，能促进人体新陈代谢、增强体力，也可镇定神经、舒缓焦虑的情绪。

4 洋菇的活性物质萃取液，具有抗菌的作用，能抑制金黄色葡萄球菌、伤寒杆菌和大肠杆菌，预防细菌感染。

洋菇选购和食用方法

1 挑选洋菇，最好选表面带有泥土和自然的米黄色泽的；而不要选购色泽太白且无瑕疵者，以免买到泡过化学药剂的洋菇，吃了反而有害健康。

2 新鲜洋菇营养价值最高，干洋菇的维生素含量较少。建议购买新鲜洋菇来烹调，而不要用干品或罐头洋菇。

洋菇饮食宜忌

1 洋菇嘌呤含量高，尿酸高者和痛风患者不宜多吃。

2 服用四环素、红霉素时，应避免食用洋菇，以免降低药效。

香芹拌洋菇

增强免疫力＋抑制炎症

材料：

洋菇200克，嫩豆腐1块，芹菜2根

调味料：

橄榄油1大匙，芝麻酱1大匙，盐1小匙

做法：

1. 洋菇、豆腐和芹菜分别放入沸水中汆烫，取出后；洋菇切片，豆腐切大块，芹菜切段。
2. 所有材料放入盘中，淋上混合均匀的调味料拌匀，即可食用。

提升免疫功效

洋菇高蛋白、低脂肪、营养丰富，所含的B族维生素、维生素E，有助于增强免疫力，抑制炎症物质形成。

提升免疫功效

洋菇富含多糖体、膳食纤维，可帮助白细胞对抗感染；所含的胡萝卜素，在人体内可转变为维生素A，对提升免疫力很有帮助。

洋菇玉米浓汤

防癌抗癌＋预防感染

材料：

玉米酱400克，高汤400毫升，土豆泥120克，洋菇片50克，综合谷片20克，熟白煮蛋（切碎）1个

调味料：

水淀粉50毫升，黑胡椒盐少许

做法：

1. 土豆泥和碎白煮蛋拌匀，揉成球状。
2. 高汤煮沸，放入洋菇片续煮至沸腾，加玉米酱煮沸，倒入水淀粉勾芡成浓汤后熄火。
3. 浓汤盛碗，放入土豆泥和碎白煮蛋，撒上综合谷片和黑胡椒盐即可。

提示 活化淋巴细胞，强健身体免疫机制

杏鲍菇

提升免疫有效成分

氨基酸、多糖体、膳食纤维

食疗功效

增强免疫力
抗癌、降血脂

- **别名：** 凤尾菇、鲍鱼菇
- **性味：** 性平，味甘
- **营养成分：** 蛋白质、氨基酸、低聚糖、多糖类、脂肪、维生素A、B族维生素、维生素C、维生素D、麦角固醇、钙、磷、铁、镁、膳食纤维

○ **适用者：** 普通人、高血脂患者　✗ **不适用者：** 痛风、高尿酸患者

杏鲍菇为什么能提升免疫力?

1 杏鲍菇营养成分丰富，所含的多糖体，可帮助人体抑制癌细胞增殖，增强淋巴细胞的活性，强化身体免疫防御功能；且能减少体内产生自由基，具有防癌、抗癌的功效。

2 杏鲍菇含有天然抗生素，具有抑制病毒、细菌之功效，对人体免疫系统有益。

杏鲍菇主要营养成分

1 杏鲍菇含有蛋白质、必需氨基酸、低聚糖、多糖类、脂肪、麦角固醇、钙、磷、铁、镁、铜、锌、膳食纤维、抗生素等营养成分。

2 杏鲍菇还含有维生素A、维生素B_1、维生素B_2、维生素B_6、维生素B_{12}、维生素C、维生素D、维生素E等营养成分。

杏鲍菇食疗效果

1 杏鲍菇含丰富的膳食纤维，食用后容易有饱足感，间接减少热量、脂肪的吸收，更可缩短粪便在肠道内停留的时间，对肥胖、便秘、糖尿病、高脂血症、高血压等病症有帮助。

2 杏鲍菇富含多种蛋白质、氨基酸。蛋白质是形成身体各种器官和组织的主要成分。

3 常吃杏鲍菇，可提升身体对疾病的抵抗力，使肌肉有弹性、头发强韧，促进人体生长，并帮助人体分泌激素。

4 杏鲍菇富含麸氨酸和低聚糖，具有降血脂、降胆固醇、促进胃肠消化、防治心血管疾病等功效。

杏鲍菇食用方法

1 杏鲍菇甜脆、多汁，菇柄粗大，色泽乳白，肉质肥厚，质地细腻脆嫩，口感似鲍鱼，并有特殊的杏仁香味。其体形较一般菇类厚实饱满，用来做菜的变化也更丰富。

2 杏鲍菇菇质肥嫩，适合炒、烧、烩、炖、煮火锅；亦适宜烹调西餐菜式，即使只是稍微烤熟食用，口感也非常好。

杏鲍菇饮食宜忌

1 杏鲍菇的嘌呤含量高，痛风或高尿酸患者不建议多吃。

2 肥胖症、高脂血症、高血压等慢性病患者可适量食用杏鲍菇。

美味什锦菇

促进代谢＋增强免疫力

材料：

松子仁18.5克，罗勒叶10克，大蒜2瓣，柳松菇、杏鲍菇、松茸菇、秀珍菇、珊瑚菇各37.5克

调味料：

橄榄油、意式香料各1小匙，盐1/4小匙

做法：

❶ 所有材料洗净，所有菇类切适当大小；罗勒叶切碎；大蒜切末；松子仁炒香。

❷ 热油锅，炒香大蒜末，加入所有菇类翻炒，再加盐、意式香料炒匀。

❸ 最后撒上松子仁和罗勒叶碎，即可食用。

提升免疫功效

菇类富含B族维生素，有助于代谢脂肪和糖类，可预防更年期后的肥胖和代谢缓慢；独特的多糖体可提高免疫力，预防疾病。

海鲜杏鲍菇

预防高血压＋强化抗病力

材料：

杏鲍菇块、鲭鱼片各80克，牡蛎50克，大蒜末10克

调味料：

橄榄油2小匙，低钠盐1/4小匙

做法：

❶ 所有材料洗净。

❷ 热油锅，爆香大蒜末，加入其余材料一起翻炒至熟。

❸ 起锅前加盐略炒即可。

提升免疫功效

杏鲍菇富含膳食纤维、多糖体，能增强免疫力、预防高血压；牡蛎的萃取物具有降低血压的功效。

促进体内合成干扰素、巨噬细胞

金针菇

提升免疫有效成分

多糖体、氨基酸、膳食纤维

食疗功效

增强脑力
加速毒素代谢

- **别名：**金菇、金丝菇
- **性味：**性凉，味甘
- **营养成分：**
蛋白质、离氨酸、精氨酸、低聚糖、多糖类、B族维生素、维生素C、维生素D、维生素E、钙、磷、铁、镁、锌、硒

○ **适用者：**普通人，青少年尤其适合 ✗ **不适用者：**免疫性疾病、肾透析患者

金针菇为什么能提升免疫力？

1 金针菇含菇蕈类活性物质、多糖体，具有抗肿瘤、抑制癌细胞生长、提升免疫力、促进白细胞增生等功能。

2 金针菇含丰富的膳食纤维和低聚糖，可帮助胃肠蠕动，加速毒素和废物排出体外，其天然的抗生素又可抑制病毒或细菌，有助于提升人体免疫力。

金针菇主要营养成分

1 金针菇含有蛋白质、离氨酸、精氨酸、低聚糖、多糖类、钙、磷、铁、镁、锌、硒、膳食纤维等营养成分。

2 金针菇还含有维生素B_1、维生素B_2、维生素B_6、维生素B_{12}、维生素C、维生素D、维生素E、泛酸等营养成分。

金针菇食疗效果

1 金针菇含高蛋白、高纤维、锌、人体必需氨基酸。其中的离氨酸和精氨酸，有助于青少年脑部发育，提高智力。

2 金针菇含人体必需氨基酸，能促进肌肉生成，增加饱足感，维持血糖稳定，降低甘油三酯，帮助热量代谢。

3 金针菇可增强人体对癌细胞的防御能力，还可促进体内合成具有抗癌作用的干扰素、巨噬细胞，对降低胆固醇、预防肝脏疾病亦有功效。

4 金针菇含丰富的蛋白质，能有效增强人体的生物活性，促进体内新陈代谢；经常食用金针菇，还具有消除疲劳、抗菌消炎的作用。

金针菇食用方法

1 金针菇适合炒、烩、煮、凉拌，但经常被拿来当作火锅配菜。

2 生鲜的金针菇含有秋水仙碱，食用后容易产生有毒物质，造成腹泻、腹痛等症状，所以一定要煮熟、煮透，才可以放心食用。

金针菇饮食宜忌

1 金针菇适合老人、儿童，以及肝病和胃肠道溃疡疾病患者食用。

2 金针菇有助于发挥免疫细胞的作用，红斑狼疮、免疫风湿性关节炎患者最好少吃金针菇，以免加重病情。

清炒芦笋金菇

协助肝脏解毒＋活化巨噬细胞

材料：

芦笋150克，金针菇、黑木耳、红色彩椒各30克

调味料：

橄榄油、米酒各1小匙，盐、香油、黑胡椒各1/3小匙

做法：

1. 所有材料洗净；芦笋切长段，汆烫后捞起沥干；红色彩椒、黑木耳切丝；金针菇切段。
2. 热油锅，炒熟红色彩椒丝、黑木耳丝和金针菇段。
3. 加芦笋段、盐、香油、黑胡椒和米酒，翻炒均匀即可。

提升免疫功效

金针菇含植化素——朴菇素，能促进体内具有抗癌作用的干扰素、巨噬细胞的合成；芦笋中所含的麸胱甘肽，可协助肝脏进行解毒。

提升免疫功效

研究发现，金针菇含菇蕈类活性物质，具有增强免疫力、抑制肿瘤的功效；黑木耳富含多糖体，能增强免疫力，有抗癌功效。

红烧木耳金菇

增强免疫力＋抑制肿瘤

材料：

金针菇50克，银耳、黑木耳各30克，胡萝卜20克

调味料：

素蚝油1大匙，香油1/4小匙

做法：

1. 所有材料洗净；金针菇切段；银耳、黑木耳、胡萝卜（去皮）均切丝。
2. 所有材料汆烫备用。
3. 热油锅，加入调味料、水和所有材料略微烧煮即可。

根茎类

含有大量膳食纤维的根茎类蔬菜，能促进排除肠道毒素和废物，提升人体免疫力。

本节介绍的白萝卜含挥发油和抗菌物质，可促进消化、抗菌消炎、预防感冒和抵御流行性病毒引起的感染；红薯含生物类黄酮和维生素E，有助于增强T细胞活性，让人远离癌症；牛蒡含有抗癌效果的木质素、绿原酸，可抑制癌细胞繁殖；胡萝卜含β-胡萝卜素，可保护身体细胞膜免受自由基侵害，并维持上皮组织和视力的健康。

吃出免疫力，根茎类蔬菜绝不能少。

提示 保护肺部，排除体内毒素

胡萝卜

提升免疫有效成分

维生素C、胡萝卜素、硒、木质素

食疗功效

保护气管
维护眼睛健康

● **别名：** 红菜头、胡萝卜

● **性味：** 性平，味甘

● **营养成分：**
蛋白质、脂肪、糖类、植物纤维、果胶、B族维生素、维生素C、β-胡萝卜素、钙、磷、铁、钾、钠、锰、钴、氟、硒

○ **适用者：** 普通人，儿童、青少年　✗ **不适用者：** 无

胡萝卜为什么能提升免疫力？

1 胡萝卜富含胡萝卜素、硒和维生素C，其抗氧化作用可减少自由基产生，抑制癌细胞生长，并提升免疫系统功能。

2 胡萝卜含果胶和大量膳食纤维，能促进胃肠蠕动，使肠道中多余的毒素和废物排出，有助于提升人体免疫力。

胡萝卜主要营养成分

胡萝卜含蛋白质、脂肪、糖类、膳食纤维、维生素B_1、维生素B_2、维生素B_6、维生素C、烟酸、β-胡萝卜素、叶酸、钙、磷、铁、钾、钠、锰、钴、氟、硒等营养成分。

胡萝卜食疗效果

1 胡萝卜富含β-胡萝卜素，在体内转化为维生素A后，能明目，防治呼吸道感染，调节代谢，增强抵抗力。

2 胡萝卜含胡萝卜素、木质素，可预防肺癌。日饮半杯胡萝卜汁，能保护肺部。

3 β-胡萝卜素具有良好的脂质亲和力，可保护身体细胞黏膜免受自由基的侵害，并维持上皮组织、内脏器官和视力的健康。

4 因长期身处空气差的环境中导致气管功能不好者，多吃胡萝卜，能促进上皮组织和黏膜组织细胞健康，达到保护气管的效果。

5 胡萝卜中含大量果胶物质，可与汞结合，使人体内有害的汞成分得以排除。

胡萝卜食用方法

1 胡萝卜适合煮、炸、炒、烩、炖等各种烹调方式，也可以和其他蔬果一同榨汁饮用。

2 若家中小孩怕吃胡萝卜，可将胡萝卜剁碎或搅成泥，拌入肉馅做成汉堡，或包成馄饨、水饺。如此一来，小孩较容易接受胡萝卜的味道。

胡萝卜饮食宜忌

1 胡萝卜不宜生吃，因所含的β-胡萝卜素为脂溶性，需以油脂烹调或加热，才易被人体吸收；若生吃，大部分胡萝卜素会被排泄掉，无法有效吸收。

2 如果吃太多胡萝卜，皮肤会变黄，但只要停吃几天，就可恢复原本的肤色。

洋葱胡萝卜炒蛋

预防大肠癌＋提升免疫力

材料：

洋葱（小）2个，胡萝卜2根，鸡蛋2个

调味料：

橄榄油2小匙，盐1小匙，黑胡椒适量

做法：

1. 洋葱切丝，泡水去辛辣味；胡萝卜洗净去皮切丝。
2. 热油锅，爆香洋葱丝，再放胡萝卜丝下锅翻炒。
3. 加水让洋葱丝和胡萝卜丝焖煮一下。
4. 鸡蛋打成蛋液，加盐、黑胡椒调味。
5. 将蛋液倒入锅中，和洋葱丝、胡萝卜丝快速翻炒，炒熟后即可盛盘食用。

提升免疫功效

洋葱含植化素、槲皮素、山柰酚，能提升免疫力，降低大肠癌罹患率；胡萝卜中的胡萝卜素，能降低停经后妇女的乳腺癌罹患率。

香炒胡萝卜

减少自由基＋抗老化

材料：

胡萝卜80克，葱丝、姜丝各适量

调味料：

橄榄油1大匙，香油、米酒各1小匙，盐适量

做法：

1. 胡萝卜洗净，去皮，切细条状。
2. 热油锅，爆香葱丝、姜丝，放入胡萝卜条翻炒片刻。
3. 倒入米酒，再加入盐、水，焖煮片刻。
4. 待胡萝卜条熟透后，加入香油翻炒即可。

提升免疫功效

胡萝卜富含胡萝卜素、硒和维生素C，其抗氧化作用可抑制自由基产生，从而抑制癌细胞分化，并强化免疫功能。

翠绿炒三丝

提高抗菌力+控制血糖

材料：

芦笋200克，胡萝卜、琼脂各50克

调味料：

橄榄油1小匙，盐、香油各1/4小匙

做法：

1. 所有材料洗净；芦笋去老皮，切段；胡萝卜去皮切条；分别用沸水汆烫。
2. 热油锅，加入芦笋段、胡萝卜条、盐和香油一起煮沸。
3. 最后加入琼脂翻炒即可。

提升免疫功效

胡萝卜含木质素，能提高巨噬细胞吞噬细菌的能力，进而增强免疫力；琼脂可延缓血糖上升速度，协助糖尿病患者控制血糖。

鲜笋萝卜汤

抑菌防癌+增强抵抗力

材料：

胡萝卜250克，竹笋120克，海带25克

调味料：

盐适量

做法：

1. 将所有材料洗净，切小块。
2. 将所有材料放入锅中，加水熬煮成汤，最后加盐调味即可。

提升免疫功效

胡萝卜含硫代配糖体，消化后会产生辛辣成分，能抗癌；所含莱菔子素、维生素C可抗菌，并抑制过氧化物生成，提升人体免疫力。

提示 舒压防感冒，分解致癌物

白萝卜

提升免疫有效成分

木质素、分解酶、维生素C

食疗功效

排除毒素
保护气管

- **别名：** 莱头、莱菔
- **性味：** 性凉，味甘、辛
- **营养成分：** 蛋白质、糖类、膳食纤维、B族维生素、维生素C、木质素、挥发油、钙、镁、磷、钾、锌、硒

○ **适用者：** 普通人、喉痛和醉酒者　✗ **不适用者：** 体质虚寒者、服用中药期间的人、月经期及产后女性

白萝卜为什么能提升免疫力？

1 白萝卜含木质素和分解酶，能提高巨噬细胞的活性，分解致癌的亚硝酸胺，减少癌细胞形成，具有防癌作用。

2 白萝卜含挥发油、亚油酸和抗菌物质，生吃可促进消化、消除胀气，并具有抗菌消炎之功效；可预防感冒和流行性病毒的感染，帮助提升抵抗力。

白萝卜主要营养成分

1 白萝卜含大量膳食纤维、水分、蛋白质、糖类，烟酸、泛酸等B族维生素、维生素C、挥发油类、木质素等营养成分。

2 白萝卜还含钙、镁、磷、钾、锌、硒等矿物质。

白萝卜食疗效果

1 白萝卜含丰富的钾和B族维生素，可帮助身体排除多余的盐分和水分，维持血压正常，并且能减轻压力所造成的抑郁症状。

2 白萝卜含维生素C和钙、镁、钾，可以预防感冒，消除紧张、疲劳的状态，并可利尿醒酒。

3 白萝卜所含的淀粉酶、氧化酶，能分解食物中的脂肪，帮助脂肪代谢，对于肥胖症和高脂血症具有一定疗效。

4 白萝卜属凉性食材，对于熬夜造成的肝火上升和火气大造成的牙龈出血、口角炎，有缓解的效果。

5 长期干咳导致咽喉肿痛者，可把白萝卜刨成丝，加入咸麦芽膏浸1～2小时后，白萝卜即会渗出汁液。服用此汁，对缓解喉痛干咳有帮助。

白萝卜食用和保存方法

1 白萝卜最适合炖、煮、烩，也适合做成泡菜等。

2 民间常将白萝卜晒干做成萝卜干，以确保一年到头都能吃到美味的萝卜。

3 买回来的白萝卜，直接用纸包好，放入冰箱冷藏，可保存1～2周。

白萝卜饮食宜忌

1 服用中药或人参，要避免食用白萝卜，以免影响补益的效果。

2 白萝卜性凉，月经期女性、产后妇女和体质虚冷的人不宜常吃。

白玉萝卜镶肉

抑菌排毒＋抗氧化

材料：

白萝卜150克，肉馅50克，毛豆荚、胡萝卜末各10克，高汤80毫升

调味料：

盐、酱油各1/4小匙

做法：

1. 白萝卜洗净、切成厚片（改花刀），放入沸水中煮熟，捞出后挖空。
2. 毛豆荚煮熟，去皮膜，取出毛豆。
3. 将肉馅和高汤、盐、酱油拌匀，再拌入毛豆和胡萝卜末。
4. 将做法3的混合馅填入白萝卜厚片中，蒸15分钟至熟即可。

提升免疫功效

白萝卜含莱菔子素，抗菌力强，能消灭胃肠道中的有害成分；丰富的维生素C，可抑制体内过氧化物生成，帮助提升免疫力。

韩式辣味萝卜

1人份

清除自由基＋预防心脏病

材料：

胡萝卜、白萝卜各2根，姜泥3大匙

调味料：

辣椒粉60克，味噌40克，白糖1大匙

做法：

1. 白萝卜洗净，连皮切块状；胡萝卜洗净去皮，切小块。
2. 将姜泥、味噌、白糖、辣椒粉加入白萝卜块和胡萝卜块中拌匀，一段时间后会释出水分。
3. 等水分刚好腌过胡萝卜块、白萝卜块时，将盒盖盖上，放入冰箱中冰镇，隔天就可取出食用。

提升免疫功效

白萝卜中的异硫氰酸盐，可增强免疫力，降低癌症和心脏病的发生率；味噌所含的皂苷，可抑制自由基对人体的侵害。

提示 帮助制造抗体，维持血管壁弹性

红薯

提升免疫有效成分

生物类黄酮、B族维生素

食疗功效

帮助排便
保护眼睛

● **别名：** 地瓜、甘薯

● **性味：** 性平，味甘

● **营养成分：**

蛋白质、脂肪、糖类、膳食纤维、钙、钠、磷、铁、胡萝卜素、维生素B_1、维生素B_2、维生素C

○ 适用者： 普通人　**✗ 不适用者：** 易胀气者

红薯为什么能提升免疫力?

1 红薯含特殊的生物类黄酮、维生素E，有助于增强T细胞活性，能有效抑制癌细胞增生，帮助人体远离癌症威胁。

2 红薯含大量B族维生素，可促进细胞合成免疫功能的抗体；且红薯为碱性食物，可以减轻人体负担，提升免疫力。

红薯主要营养成分

红薯含有蛋白质、糖类、膳食纤维、类黄酮素、胡萝卜素、维生素A、B族维生素、维生素C、钙、磷、铜、钾等营养成分。

红薯食疗效果

1 红薯含丰富的胡萝卜素，和胡萝卜相比毫不逊色。胡萝卜素被人体吸收后，会转化为维生素A，可保护眼睛和黏膜组织的健康。

2 红薯含大量膳食纤维。习惯性便秘患者、大便干结者，每天可以吃1个蒸熟或烤熟的红薯，2～3天即能发挥通畅大便之功效。

3 红薯所含异黄酮素，是一种植物性雌激素，常吃可帮助女性缓解更年期不适症状，减轻烦热潮红、情绪不稳等现象。

4 红薯含有一种特殊的多糖黏液蛋白，能维持人体血管壁的弹性，防止动脉粥样硬化，促进胆固醇的排泄，可预防心血管疾病的发生。

红薯食用方法

1 红薯最简单的吃法是蒸熟或烤熟。刚蒸好或烤好的红薯，入口甘香甜美，令人有满足感。

2 红薯也可煮成红薯粥；或炸成红薯饼，红薯饼是很好的下午茶点心。

3 红薯制成的淀粉叫作地瓜粉，可以用来当作炸物的裹粉。

红薯饮食宜忌

1 红薯不新鲜而发黑变烂时不可食用，因其含有黑斑病毒素，误食可使人中毒，出现恶心、呕吐、腹泻等症状，就算煮熟也无法消除毒素。

2 红薯的膳食纤维含量多，多食易胀气，消化不良者不宜多吃。

甘薯甜粥

帮助消化+防心血管病

材料：

麦片100克，红薯1个，姜2片

调味料：

冰糖2小匙

做法：

1. 红薯洗净，去皮、切小块，放入电饭锅中，加入麦片、姜片和水，煮成粥状。
2. 加入冰糖，搅拌至溶化即可。

提升免疫功效

红薯中的脱氢表雄酮能提升免疫系统功能，预防心血管疾病、糖尿病和癌症；麦片中所含膳食纤维，可帮助消化。

红薯牛奶

高纤排毒+提升免疫力

材料：

红薯2个（约600克），低脂牛奶1 000毫升

调味料：

果糖少许

做法：

1. 将红薯洗净去皮，切块蒸熟。
2. 将蒸熟的红薯块放入豆浆机中，加入低脂牛奶搅拌均匀。
3. 倒入杯中，依个人口味加入果糖调味即可。

提升免疫功效

红薯富含膳食纤维，有助于清除胃肠道废物，预防肠胃疾病；酚类的抗氧化力强，可清除体内多余的自由基，提升免疫力。

提示 利尿、降血压，预防消化道肿瘤

土豆

提升免疫有效成分

膳食纤维、B族维生素、维生素C

食疗功效

降低血压
增强体力

- **别名：** 洋芋、马铃薯
- **性味：** 性平，味甘
- **营养成分：** 蛋白质、脂肪、糖类、氨基酸、泛酸、膳食纤维、维生素B_1、维生素B_2、维生素B_6、维生素C、磷、铁、钙、钾

○ **适用者：** 普通人、胃溃疡患者　✗ **不适用者：** 糖尿病患者、肥胖者

土豆为什么能提升免疫力?

1 土豆所含植物多酚、胡萝卜素具抗氧化作用，可抑制自由基侵害正常细胞；其丰富的膳食纤维，可降低大肠癌、直肠癌的罹患率。

2 土豆所含有机酸、维生素C具有抗氧化作用，可提高白细胞的吞噬能力，抑制癌细胞繁殖。

3 中医认为，土豆能和胃调中、健脾益气，对治疗胃溃疡、习惯性便秘等疾病有帮助，还具有解毒、消炎的功效。

4 土豆中的氨基酸和微量元素，对于胃溃疡、十二指肠溃疡具有消炎的作用。

土豆主要营养成分

1 土豆的主要营养成分有维生素B_1、维生素B_2、维生素B_6、维生素C、蛋白质、脂肪、氨基酸、泛酸等。

2 土豆还含磷、铁、钙、钾等矿物质。

土豆食疗效果

1 土豆含有丰富的钾，能帮助人体降低血压，强化心脏功能；还有利尿的作用，可以减轻水肿的症状。

2 土豆含丰富的蛋白质、B族维生素，可增强体力；同时具有提高记忆力、保持思维清晰等作用。

土豆食用方法

1 土豆最常见的吃法，是西式的炸薯条和薯泥；中式做法则以煎、煮、炒、炸、炖为主。

2 切好的土豆不能长时间浸泡于水中，因泡水太久会造成水溶性B族维生素、维生素C等营养成分流失。

3 土豆可制成淀粉，用来勾芡或当作炸物的裹粉。

土豆饮食宜忌

1 土豆发芽时，会在芽眼周围产生一种剧毒的物质“龙葵素”，不小心误食，就会产生呕吐、腹痛、冒冷汗等中毒反应，故发芽的土豆不可食用。

2 土豆属于升糖指数高的食物，糖尿病患者不宜多吃。

土豆烘蛋

抗感染＋保护细胞

材料：

鸡蛋6个，土豆3个，洋葱1颗，脱脂牛奶60毫升

调味料：

橄榄油2小匙，盐少许

做法：

1. 洋葱、土豆洗净去皮，切丁，放入油锅中炒软。
2. 鸡蛋加入牛奶中，搅拌至发泡，加盐调匀。
3. 将牛奶鸡蛋倒入做法❶的油锅中。
4. 待略凝固，蛋液边缘呈金黄色时，转小火焖煮片刻，让蛋中心熟透即可。

提升免疫功效

土豆不只是强效的抗氧化剂，还可促进铁质吸收；丰富的维生素B_6、维生素C，可强化免疫系统功能，并具有抗感染的功效。

阳光鲜果沙拉

预防癌症＋促进肠道健康

材料：

苹果、土豆各150克，小黄瓜50克

调味料：

醋2大匙，橄榄油、白糖、盐各1小匙

做法：

1. 苹果去皮，100克切块、泡盐水，50克磨成泥；小黄瓜切块，加少许盐腌渍片刻。
2. 土豆放入沸水中煮软，去皮切丁。
3. 将苹果泥、醋、橄榄油、白糖、盐、水拌成酱汁备用。
4. 小黄瓜块、土豆丁、苹果丁放入碗中，淋上拌好的酱汁即可。

提升免疫功效

土豆中的植酸会抑制体内铜、铁等变成自由基，协助提升免疫力，抑制致癌物质生成；苹果中的胶质可促进肠道健康。

 富含锌，可预防免疫球蛋白水平降低

南瓜

提升免疫有效成分

β-胡萝卜素、锌、B族维生素

食疗功效

消除疲劳
防止动脉硬化

- **别名：** 金瓜、饭瓜
- **性味：** 性温，味甘
- **营养成分：** 蛋白质、糖类、葫芦巴碱、氨基酸、天门冬素、胡萝卜素、磷、钾、钙、镁、铁、锌、硒、钴、B族维生素、维生素C、维生素E、膳食纤维

○ **适用者：** 普通人、成年男性　✗ **不适用者：** 皮肤容易过敏者、胃酸过多或消化不良者、减肥者

南瓜为什么能提升免疫力?

1 南瓜含丰富的锌。人体内的锌含量若不足，就会出现血液中免疫球蛋白水平降低等情形，多吃南瓜可帮助提升免疫力。

2 南瓜中的锌，能促进男性生殖系统的健康，并可加快伤口愈合。

3 南瓜中的β-胡萝卜素，具有抗氧化作用，能增强免疫力，有效防癌。

4 南瓜含β-胡萝卜素，在体内会转化为维生素A，可保护皮肤、眼睛、肝脏。

南瓜主要营养成分

1 南瓜含有蛋白质、糖类、葫芦巴碱、精氨酸、瓜氨酸、天门冬素、胡萝卜素、番茄红素、磷、钾、钙、镁、铁、锌、硒、钴、膳食纤维等营养成分。

2 南瓜还含维生素B_1、维生素B_2、维生素B_6、维生素C、维生素E、烟酸、叶酸等营养成分。

南瓜食疗效果

1 南瓜含B族维生素，能维持神经系统正常，促进胃肠蠕动，帮助脂肪代谢，增进食欲，消除疲劳，稳定情绪。

2 南瓜含人体造血必需的微量元素铜、钴、铁和维生素B_{12}，经常食用可预防贫血。

3 南瓜含有多种单元不饱和脂肪酸，能帮助人体排出多余的脂肪和胆固醇，可预防动脉粥样硬化，对防治其他心血管疾病和预防前列腺肥大也有功效。

南瓜选购和食用方法

1 挑选南瓜以外观圆弧饱满、无虫叮咬者为佳。南瓜摆放在干燥、阴凉处，保存期可长达数周至1个月。

2 南瓜可炖汤、煮粥、蒸食、煎炸；亦可做成各式点心；南瓜子可制成瓜子或榨油。

南瓜饮食宜忌

1 南瓜含较多糖分，会刺激胃酸分泌；胃酸过多或消化不良者，一餐别吃太多。

2 南瓜淀粉含量较高，减肥者最好不要多吃。

3 南瓜含大量胡萝卜素，吃多时皮肤会转变成黄色；但只要停吃几天即可恢复正常，对身体无害。

南瓜酸奶沙拉

保健肠道＋抑制癌细胞

材料：

脱脂酸奶200毫升，南瓜50克，葡萄干20克

调味料：

蜂蜜1大匙，盐少许

做法：

❶ 南瓜洗净，连皮切成约1.5厘米厚的块。

❷ 将南瓜块放入电饭锅内蒸至熟软。

❸ 将南瓜块盛碗，撒上盐调味。

❹ 酸奶和蜂蜜拌匀，淋在南瓜块上，撒上葡萄干即可食用。

提升免疫功效

连皮烹调的南瓜富含膳食纤维，更能抑制肠道癌细胞的生成；葡萄干含葡萄多酚类，抗氧化能力强，能有效抑制癌细胞生长。

金瓜黄豆糙米粥

提升免疫力＋促进血液循环

材料：

排骨150克，糙米、南瓜各100克，黄豆50克

调味料：

盐适量

做法：

❶ 排骨汆烫去血水，切块；黄豆洗净后浸泡3～4小时；糙米洗净后泡1小时；南瓜去皮切块。

❷ 锅中加入黄豆和水，用中火煮至黄豆熟软。

❸ 加入糙米、南瓜块、排骨块，大火煮沸后，改成小火，慢煮至材料熟透。

❹ 最后加盐调味即可。

提升免疫功效

糙米在米糠和胚芽部分，富含B族维生素、维生素E，能提升人体免疫力，促进血液循环；B族维生素还有助消除沮丧情绪、缓和烦躁情绪。

 增强T淋巴细胞活性，明显抑制细胞突变

山药

提升免疫有效成分

矿物质、皂苷、淀粉酶

食疗功效

固精止泻
稳定血糖

● **别名：** 淮山、薯芋

● **性味：** 性平，味甘

● **营养成分：**
糖类、蛋白质、皂苷、淀粉酶、山药碱、维生素A、B族维生素、维生素C、维生素E、钙、铁、磷、钾、钠、镁、锌、甘露聚糖、植酸、膳食纤维

○ **适用者：** 普通人　✗ **不适用者：** 便秘、腹部容易胀气者

山药为什么能提升免疫力?

1 山药含有丰富的氨基酸、矿物质、黏液多糖体，能提高人体T淋巴细胞活性，增强免疫功能，延缓细胞衰老，是人体免疫功能的天然调节剂。

2 山药含皂苷、山药碱、糖蛋白等活性成分，具有抗肿瘤和抗关节炎之效，可促进干扰素合成；并抑制细胞突变，增强免疫功能；还可改善动脉硬化。

山药主要营养成分

1 山药含淀粉、蛋白质、皂苷、淀粉酶、多巴胺、山药碱、钙、铁、磷、钾、钠、镁、锌、甘露聚糖、植酸和膳食纤维等营养成分。

2 山药还含有维生素A、维生素B_1、维生素B_2、维生素B_6、维生素C、维生素E等营养成分。

山药食疗效果

1 山药含有植物性雌激素，近年来被添加于熟龄女性化妆品和丰胸产品中，具有美容丰胸的功效。

2 研究报告发现，山药萃取液有助改善和预防肝、肾的代谢损伤。

3 山药含丰富的糖类、消化酶，能帮助消化，促进肠道蠕动，除了健胃止泻，还能延缓衰老。

4 山药含有黏液蛋白、多巴胺，具有扩张血管、改善血液循环的作用；有助保持血管弹性，防止动脉粥样硬化，减少脂肪沉积于血管壁，可降低心血管疾病和脑卒中的发生率。

山药食用方法

山药可炖汤。汤锅加入排骨或鸡骨炖约1小时后，再放入切块的山药，炖煮30分钟即可。

山药饮食宜忌

1 生山药中所含的淀粉酶，对糖尿病有一定疗效，适合多吃山药。

2 山药含有较多淀粉，便秘、腹部容易胀气者不宜多食。

山药紫米粥

预防肿瘤＋增强免疫力

材料：

紫米50克，晒干山药片40克

调味料：

冰糖10克

做法：

1. 紫米洗净，放入容器中，加水移入蒸锅中，先以大火煮沸，再转中火蒸40分钟左右，取出备用。
2. 干山药片洗净，放入适量热水中煮约15分钟后，加入蒸熟的紫米、冰糖，再转小火煮约5分钟，即可熄火。

提升免疫功效

山药特有的植化素——薯芋皂苷，能增强免疫系统功能，抑制肿瘤生长；紫米含花青素，可抑制自由基对人体的侵害，维护免疫系统功能。

土豆山药汤

抑制自由基＋防癌抗氧化

材料：

土豆100克，山药40克，葱末少许

调味料：

麦芽糖10克

做法：

1. 所有材料洗净，去皮切块备用。
2. 所有材料放入锅中，加适量清水熬煮，再加麦芽糖调味，煮至熟透。
3. 起锅装盘，撒上葱末即可食用。

提升免疫功效

土豆含酸性物质，可抑制体内自由基生成，预防细胞癌变；含丰富膳食纤维的山药，则可促进免疫细胞增生，并抑制细胞突变。

含人体必需的氨基酸，可提高抗病力

竹笋

提升免疫有效成分

氨基酸、膳食纤维

食疗功效

消脂助排便
降低胆固醇

- **别名：** 笋、笋子
- **性味：** 性寒，味甘
- **营养成分：** 蛋白质、糖类、氨基酸、钠、钾、钙、镁、磷、铁、锌、维生素B_1、维生素B_2、维生素B_6、维生素C、泛酸、膳食纤维

○ **适用者：** 普通人、小便不利者

✗ **不适用者：** 过敏体质者、产后妇女、脾胃虚弱者、胃及十二指肠溃疡患者、胃出血的人

竹笋为什么能提升免疫力?

1 竹笋含有人体必需的多种氨基酸，为优良的保健蔬菜，常吃有助于新陈代谢，增强人体免疫功能，提高抗病能力。

2 竹笋富含膳食纤维，可以抑制肠道吸附油脂，减少体内脂肪囤积，降低胆固醇，对于预防肥胖症、高脂血症、心血管疾病特别有益。

3 竹笋所含的膳食纤维，可以促进胃肠蠕动，减少废物囤积于肠壁，使粪便利于排出；常吃竹笋可预防便秘、肠癌。

竹笋主要营养成分

竹笋含有的营养成分包括：蛋白质、糖类、钠、钾、钙、镁、磷、铁、锌、维生素B_1、维生素B_2、维生素B_6、维生素C、泛酸、膳食纤维、人体必需的多种氨基酸。

竹笋食疗效果

1 竹笋含钾，可以利尿消肿，对于脸部、四肢水肿以及小便不利等症状具有缓解效果。

2 从中医角度来看，竹笋有益气和胃、清热化痰、止消渴、利膈爽胃等功效，适合糖尿病患者和容易水肿者食用。

竹笋选购和食用方法

1 好吃的竹笋，以新鲜质嫩、肉厚、角弯如牛角、肉质呈乳白色或淡黄色、无霉烂、无病虫蛀者为佳。

2 想煮出鲜甜的竹笋，可将带壳竹笋放入冷水中烹煮；若能用洗米水烹煮更好，口感会更细腻、鲜甜。

3 竹笋适合炒、煮汤或做竹笋沙拉；桂竹笋可制作成笋干，或制成调味即食竹笋。

竹笋饮食宜忌

1 竹笋性寒，产后妇女、脾胃虚弱者不适合吃竹笋。

2 竹笋含有较多粗纤维，胃溃疡、十二指肠溃疡和胃出血的人不宜吃竹笋。

3 竹笋不适合和豆腐等高钙食材一起食用，以免所含的草酸和钙质结合成草酸钙，影响人体对钙质的吸收。

红烧竹笋

消炎抗菌＋降低胆固醇

材料：

竹笋200克，新鲜香菇2朵，辣椒、葱各1根，姜2片

调味料：

橄榄油、酱油各1大匙，白糖、盐各1/2小匙

做法：

1. 竹笋、香菇洗净切片；辣椒和葱洗净切段。
2. 热油锅，爆香姜片，加入竹笋片、香菇片、辣椒段、酱油、白糖略炒。
3. 加水，用小火煮至入味，再加入盐、葱段炒匀即可起锅。

提升免疫功效

竹笋中的木酚素，能增强免疫力，帮助消炎、止痛、放松肌肉；植物固醇可抑制人体制造胆固醇，降低血液中胆固醇浓度。

鲜笋香菇鸡汤

抗病强身＋补充体力

材料：

土鸡半只，鲜香菇8朵，竹笋200克，竹荪少许

调味料：

盐1大匙

做法：

1. 土鸡剁成块状，先以沸水汆烫去血水，再用冷水洗净。
2. 鲜香菇洗净去蒂，切块；竹笋洗净，切块。
3. 锅内加水煮沸，放入土鸡块、香菇块、竹笋块、竹荪，约煮20分钟，最后加盐调味即可。

提升免疫功效

竹笋含多糖体，可抗病毒，增强免疫力；但所含草酸易影响钙质的吸收，胃溃疡、肾炎、尿道结石、肝硬化患者宜少食用。

提示 提高干扰素活性，强化人体免疫系统功能

芦笋

提升免疫有效成分

多种氨基酸、胡萝卜素、硒

食疗功效

生津解渴
消除疲劳

● **别名：** 石刁柏、露笋

● **性味：** 性寒，味甘

● **营养成分：**
蛋白质、多种氨基酸、糖类、B族维生素、维生素C、维生素E、钙、铁、磷、钾、镁、锌、硒、叶酸、胡萝卜素

○ **适用者：** 普通人、怀孕妇女、癌症化疗者

✗ **不适用者：** 痛风、高钾血症患者、高尿酸血症者、肾病患者、胃病患者

芦笋为什么能提升免疫力?

1 芦笋含有丰富的配糖体，可以抑制葡萄糖转化为脂肪，对于改善肥胖体质、降低血脂有效；且能促使人体产生对抗癌症的酶，有助于预防癌症和心血管疾病。

2 芦笋含硒，能帮助人体对抗自由基，减轻癌症化疗后引起的食欲不振、恶心呕吐、口干舌燥等副作用；常吃芦笋，还能提高免疫力。

芦笋主要营养成分

1 芦笋含膳食纤维、蛋白质、糖类、B族维生素、维生素C、维生素E、胡萝卜素、天门冬素、芸香素、甘露聚糖、人体必需氨基酸等营养成分。

2 芦笋还含钙、铁、磷、钾、镁、锌、硒等矿物质。

芦笋食疗效果

1 芦笋富含叶酸，是维持胎儿正常生长、发育的重要营养成分；此外，还能辅助制造红细胞，预防贫血。

2 芦笋所含的β-胡萝卜素，能保护上皮组织、内脏器官、神经组织，增强干扰素的活性，提升人体免疫系统。

3 经常吃新鲜的芦笋，有助于减少癌症、慢性疾病的发生。

4 芦笋含有天门冬氨酸，有助于保护中枢神经系统，能增强人体活力、消除疲劳，是一种能舒压的蔬菜。

芦笋保存和食用方法

1 芦笋含丰富的氨基酸容易流失，最好在购买后立即烹调食用。如果当天不吃，可先削去根部硬皮，以沸水氽烫后放凉，用保鲜盒装好放入冰箱冷藏，可保存3～5天。

2 芦笋适合清炒、水煮，或当作西餐中的配菜；鲜嫩的白芦笋还可榨汁，当作清凉饮料。

芦笋饮食宜忌

1 芦笋的嘌呤含量高，高尿酸血症者和痛风患者应少吃。

2 芦笋含高钾，肾病、高钾血症患者要少吃，以免病情加重。

芦笋炒牛肉丝

强化免疫力＋修复细胞

材料：

牛肉丝200克，芦笋100克，姜丝、红辣椒丝各20克

调味料：

淀粉、冷开水各1大匙，米酒1小匙，蛋白少许，酱油3小匙，白糖1小匙，蘑菇粉1/2小匙

做法：

1. 牛肉丝放入小碗中，以淀粉、水、米酒、蛋白、酱油腌渍5分钟；芦笋洗净，切段。
2. 芦笋段和牛肉丝分别汆烫备用。
3. 不粘锅加热，爆香姜丝，再加牛肉丝、芦笋段、红辣椒丝，放入酱油、白糖和蘑菇粉，稍加翻炒即可。

提升免疫功效

芦笋所含的天门冬素，抑制细胞突变，控制细胞异常增生，强化身体免疫力。

清炒虾仁芦笋

稳定血压＋控制体重

材料：

虾仁50克，芦笋段30克，红色彩椒（切片）20克

调味料：

橄榄油1小匙，香油1/2小匙，盐、胡椒粉各1/4小匙

做法：

1. 虾仁挑去肠泥，洗净沥干，汆烫备用。
2. 热油锅，放入虾仁和其余材料，再加盐、胡椒粉翻炒。
3. 起锅前，淋上香油即可。

提升免疫功效

芦笋含天门冬素，能增强免疫力，使细胞恢复正常状态；芦笋所含钾能稳定血压。此道菜肴有助降低血压和控制体重。

提示 刺激人体免疫反应，抑制癌细胞分裂和生长

洋葱

提升免疫有效成分

硫化物、硒、B族维生素

食疗功效

降低血糖

增强体力

● **别名：** 胡葱、玉葱

● **性味：** 性温，味甘、辛

● **营养成分：**

蛋白质、糖类、钙、铁、磷、硒、维生素A、B族维生素、维生素C、维生素E、胡萝卜素

○ **适用者：** 普通人、常感冒者　✗ **不适用者：** 消化性溃疡、眼疾患者

洋葱为什么能提升免疫力?

1 洋葱中的二烯丙基二硫化物、含硫氨基酸，对金黄色葡萄球菌、痢疾杆菌、大肠杆菌具有抑制作用，能有效增强人体对肠炎、痢疾、阴道炎等感染性疾病的抵抗力。

2 洋葱含有硒和槲皮素，能清除自由基、抗氧化、抗衰老，并能刺激人体免疫反应，抑制癌细胞的分裂和生长，同时可以降低致癌物的毒性。

洋葱主要营养成分

1 洋葱含有蛋白质、糖类、维生素A、维生素B_1、维生素B_2、维生素B_6、维生素C、维生素E、烟酸、叶酸、泛酸、胡萝卜素、硫化物等营养成分。

2 洋葱还含钙、铁、磷、硒、镁、锌、钠、钾、铜等矿物质。

洋葱食疗效果

1 洋葱含有杀菌力很强的蒜素，具有抗氧化、抗衰老的作用；且蒜素还能刺激消化液的分泌，有助消化，增进食欲，加速代谢。

2 洋葱含有丰富的膳食纤维，有助大肠蠕动，能帮助清除体内的废物，使肌肤保持洁净，减少老年斑、肝斑的形成。

3 洋葱富含硫醇、硫化丙烯等硫化物，可帮助燃烧脂肪，防止脂肪囤积；并可促进细胞对糖类的利用，有效降低血糖，刺激胰岛素的合成和释放。糖尿病、肥胖症患者适合多吃洋葱。

4 洋葱含有对肝脏有益的氨基酸，能帮助肝脏维持正常造血功能，是肝脏解毒不可缺少的重要成分。

5 洋葱含B族维生素，能促进脂肪、蛋白质、糖类的代谢，有助于维护心脏、神经系统的功能，增强体力，减轻疲劳，保持精神旺盛，还可帮助舒缓情绪、缓解压力。

6 洋葱含有二烯丙基二硫化合物等成分，具有杀菌、抗血管硬化和降低血脂等功效。

7 中医认为，洋葱性温，味甘、辛，具有温通解表、发散风寒、燥湿解毒的功效，可用于治疗外感风寒等病症。

洋葱食用和选购、保存方法

1 洋葱具有强烈的香气和辛辣的味道，含有糖类物质，经加热后会转化成甜味，适合煎、煮、炒、炸、熬汤、凉拌等。

2 购买洋葱应选择球体完整、表皮干燥光滑、鳞片紧密有重量者。一般来说，洋葱贮藏在干燥、阴凉处，保存期限可长达6个月。

3 洋葱除可作为蔬菜食用，还可当作香辛料，能去除肉腥味，增加甜度。

洋葱饮食宜忌

1 生洋葱比较刺激，肠胃不好或消化性溃疡患者不宜吃太多。

2 洋葱含刺激过敏反应的硫化物，皮肤易过敏和患有眼疾者应少食用。

3 洋葱容易产生挥发性气体，过量食用，可能出现腹部胀气、排气过多等现象。洋葱虽有益健康，仍不建议一次吃太多。

4 洋葱搭配猪排、牛排等高脂肪食物一起食用，可促进高脂肪食物的分解。

洋葱咖喱饭

抗细胞病变＋预防肠癌

材料：

猪肉100克，胡萝卜、洋菇各30克，洋葱、土豆各1个，米饭3碗

调味料：

橄榄油2小匙，咖喱3小块

做法：

❶ 将猪肉、胡萝卜、土豆、洋葱切丁；洋菇烫熟备用。

❷ 热油锅，爆香洋葱丁后，加入猪肉丁略炒，再放入胡萝卜丁、土豆丁，加水煮沸。

❸ 待土豆丁、胡萝卜丁变软后，加入咖喱和洋菇，搅拌至咖喱完全溶解，最后淋在米饭上即可。

提升免疫功效

土豆表皮含绿原酸，能对抗细胞突变；膳食纤维能降低大肠癌、直肠癌的罹患率；洋葱含硫化物，可抑制癌细胞生长，强化免疫力。

洋葱炒蛋

抗氧化＋促肠蠕动

材料：

洋葱（大）1个，鸡蛋3个

调味料：

橄榄油2小匙，盐1小匙

做法：

❶ 洋葱洗净，去皮切丝；鸡蛋打成蛋液，备用。

❷ 热油锅，放入洋葱丝，以小火把洋葱丝炒软呈透明状。

❸ 蛋液加入锅中和洋葱丝拌匀，再加盐调味。

❹ 转大火，等蛋液半凝固时，将蛋炒散，即可盛盘食用。

提升免疫功效

洋葱含膳食纤维，可促进肠道蠕动，提高免疫力；硫化物具有强效抗氧化力、抑菌力；其微量元素硒，有助于提升免疫力。

洋葱炒牛肉

增强免疫力＋降低血脂

材料：

牛肉140克，洋葱1个，辣椒1个

调味料：

橄榄油2小匙，白糖1小匙，酱油1小匙，米酒20毫升

做法：

❶ 牛肉切薄片；洋葱洗净去皮，切片；辣椒洗净，切斜片备用。

❷ 热油锅，放入牛肉片煎2分钟；加入洋葱片、50毫升水、其余调味料，煮约3分钟。

❸ 最后放入辣椒片，焖煮1分钟即可。

提升免疫功效

洋葱富含膳食纤维，能降血脂、促进胃肠蠕动，有助于调节肠道菌群生态，增强免疫力；其天然硫化合物可降低胆固醇，抗氧化。

提升体内细胞活力，增强白细胞、T细胞功能

牛蒡

提升免疫有效成分

绿原酸、硒、B族维生素

食疗功效

降糖降压
体内环保

- **别名：** 大力子、牛子
- **性味：** 性寒，味甘
- **营养成分：** 膳食纤维、蛋白质、菊糖、B族维生素、维生素C、维生素E、钙、磷、铁、钾、胡萝卜素、氨基酸

○ **适用者：** 普通人、糖尿病患者　✗ **不适用者：** 消化功能虚弱、体质虚寒者、腹泻者、月经期及产后女性

牛蒡为什么能提升免疫力？

1 牛蒡所含的膳食纤维和低聚糖，可帮助胃肠蠕动，为肠道益生菌提供良好的生长环境；能消除胀气，改善便秘，避免宿便和毒素累积，减少胆固醇吸收，帮助预防癌症、高脂血症。

2 牛蒡含具有抗癌效果的木质素、绿原酸，可提升体内细胞活性，增强白细胞、T细胞功能，进而强化免疫力，抑制癌细胞增生。

牛蒡主要营养成分

牛蒡含膳食纤维、蛋白质、糖类（菊糖、牛蒡糖、低聚糖）、B族维生素、维生素C、维生素E、钙、磷、铁、钾、胡萝卜素、木质素、绿原酸、咖啡酸、人体必需氨基酸等营养成分。

牛蒡食疗效果

1 用牛蒡、胡萝卜、白萝卜、白萝卜叶、香菇等5种蔬菜所熬煮出来的汤，就是俗称的“五行蔬菜汤”，常喝可增强免疫力，预防癌症。

2 牛蒡含可促进性激素分泌的精氨酸，能增强体力，稳定血糖。

3 牛蒡汁含可杀菌的木质素，以其当作漱口水，可减缓咽喉痛，也可预防流行性感冒。

4 牛蒡的绿原酸、咖啡酸等多酚类成分，有助于降低心血管疾病、肿瘤、糖尿病、关节炎等的发病率，同时可延缓衰老。

牛蒡选购、保存和食用方法

1 挑选牛蒡，以形态笔直、整体粗细均匀一致，且无病虫害和裂根者为佳。

2 买回来的牛蒡若还带有叶子，需先将叶子切除再保存；否则叶子会继续吸收水分，让牛蒡可食用部分变得干枯。

3 切好的牛蒡要立刻放入清水中浸泡，才不会氧化；剩余的牛蒡不要削皮，也不要碰到水，用报纸或保鲜膜包住，放在冰箱冷藏室即可保持新鲜。

牛蒡饮食宜忌

1 牛蒡性寒，产后女性、月经期女性或体质较虚寒者不宜多吃。

2 牛蒡富含膳食纤维，易刺激胃肠蠕动，腹泻者不宜食用，也不宜生食。

瓜类

炎热的夏天，吃瓜类清爽又开胃。瓜类富含维生素C，可帮助免疫系统杀灭病毒，增强人体对病原体的抵抗力。

本节介绍的黄瓜含绿原酸，为强效抗氧化物，能清除自由基，增强抗癌力；苦瓜中的三萜类化合物，对抑制肿瘤细胞、抑制炎症反应有特效；丝瓜含干扰素诱生剂，具有抑制细胞突变、抗病毒感染的作用，能预防胃癌和鼻咽癌等。

瓜类极易取得且价格便宜，但大多性寒凉，宜和属性温热的食材一起烹调。

提示 清凉解暑，帮助免疫系统杀灭病毒

黄瓜

提升免疫有效成分

糖类、绿原酸、维生素C

食疗功效

减少感染
镇痛解热

● **别名：** 花瓜、胡瓜

● **性味：** 性寒，味甘

● **营养成分：**
蛋白质、脂肪、糖类、氨基酸、胡萝卜素、钙、磷、铁、钾、钠、B族维生素、维生素C、维生素E、维生素K

○ **适用者：** 普通人 ✗ **不适用者：** 肾病患者、体质虚寒者、脾胃虚弱者、容易腹泻者、产后及月经期女性

黄瓜为什么能提升免疫力？

1 黄瓜含维生素C，可提高白细胞的吞噬能力，促进体内干扰素的产生，具有抗病毒作用，可帮助免疫系统杀灭病毒，增强人体对病原体的抗感染能力，缩短感染性疾病的病程。

2 黄瓜的绿色外皮含有绿原酸、咖啡酸，具有消炎、镇痛、解热的作用；绿原酸也是强效的抗氧化物，能清除对正常细胞有害的自由基，有助于人体抵抗癌细胞。

黄瓜主要营养成分

1 黄瓜含维生素C、丙醇二酸等促进新陈代谢的营养成分。

2 黄瓜富含蛋白质、脂肪、糖类、氨基酸、胡萝卜素、植物类黄酮、钙、磷、铁、钾、钠、铜、镁、锌、硒、叶酸、泛酸、果胶等营养成分。

黄瓜食疗效果

1 黄瓜性寒，具有清凉解暑之效，民间视之为“消火圣品”，常吃可增进食欲，净化血液，防止中暑。

2 黄瓜含铬，可以降血糖；还含钾，能加速血液新陈代谢、排除体内多余的钠；其中所含的膳食纤维，有助肠胃排出有害的废物，缓解便秘的症状。

3 黄瓜含有丙醇二酸，能抑制体内糖类转变为脂肪，减少脂肪和胆固醇的吸收，降低血液中的脂肪和胆固醇含量。

4 黄瓜中所含的多种氨基酸，能促进肝脏代谢，对酒精性肝硬化、肝病患者具有一定的疗效。

黄瓜食用和选购方法

1 最简单的黄瓜吃法，即洗干净直接吃，也可以凉拌、腌渍，亦能炒肉或煮汤。

2 挑选黄瓜时，以瓜体沉重、匀称，带有细刺，且无虫蛀者为上品；黄瓜农药残留较多，需以流动的清水多加洗涤，才能确保吃得安心。

黄瓜饮食宜忌

1 黄瓜性寒，产后、月经期的女性或风寒感冒、脾胃虚弱、容易腹泻者宜少吃。

2 黄瓜含钾量高，肾病患者不宜多吃。

碧玉黄瓜饭团

促进代谢＋防细胞突变

材料：

小黄瓜（切成长片）100克，米饭1碗，红彩椒条30克，熟芝麻5克

调味料：

果醋2大匙，白糖1大匙

做法：

1. 将米饭和调味料拌匀备用。
2. 用小黄瓜片把拌有调味料的米饭和红彩椒条包卷起来。
3. 再撒上熟芝麻，即可食用。

提升免疫功效

小黄瓜所含的黄瓜酶，可促进人体新陈代谢；蒂头中的葫芦素，能增强人体免疫功能，增强巨噬细胞吞噬能力，并防止细胞突变。

提升免疫功效

西红柿含维生素A，可维护呼吸道上皮细胞、黏膜组织的健康；结合小黄瓜的维生素C，能强化抵抗力，维护呼吸系统功能。

西红柿黄瓜蔬菜卷

强化抵抗力＋保护呼吸道

材料：

小黄瓜60克，西红柿1个，西芹1根，生菜4片，大蒜2瓣

调味料：

橄榄油1½小匙，白糖、白醋各1小匙，胡椒粉1/2小匙

做法：

1. 所有材料洗净；西红柿、小黄瓜切小丁；大蒜、欧芹切末。
2. 西红柿丁、小黄瓜丁、大蒜末、欧芹末、橄榄油、白醋、白糖和胡椒粉倒入碗中，搅拌均匀。
3. 将做法②的食材放在生菜上，即可食用。

薏苡仁黄瓜沙拉

预防癌症＋降低血脂

材料：

薏苡仁40克，小黄瓜2根，圣女果12颗，生菜4大片

调味料：

和风酱2大匙，盐1小匙，橄榄油、陈醋、淀粉各2小匙

做法：

1. 薏苡仁泡水3小时；小黄瓜洗净，切丁；圣女果洗净，切半；生菜洗净沥干。
2. 锅内加入盐、150毫升水煮沸，以淀粉和水勾芡，冷却后倒入橄榄油、陈醋拌匀。
3. 将生菜铺于碗中，依序放入小黄瓜丁、圣女果、薏苡仁，最后淋上和风酱即可。

提升免疫功效

研究发现，薏苡仁富含膳食纤维，可增强人体免疫力，能预防癌症、降低血脂；其丰富的膳食纤维还能帮助排除体内废物。

黄瓜炒肉片

清除自由基＋润肠排毒

材料：

小黄瓜200克，猪瘦肉80克，葱段适量

调味料：

橄榄油2小匙，盐、酱油、米酒、淀粉各适量

做法：

1. 小黄瓜洗净，切滚刀块；酱油、淀粉和盐混匀，调成腌料。
2. 猪瘦肉洗净，切成片状，放入腌料中。
3. 热油锅，放入腌渍过的猪瘦肉片和葱段，以大火翻炒。
4. 炒至八分熟后，放入小黄瓜块、米酒翻炒均匀，盛盘即可食用。

提升免疫功效

小黄瓜含维生素C，可清除自由基，具有抗癌作用；小黄瓜富含水溶性膳食纤维，能在肠道中结合致癌物，将其排出体外。

提示 含三萜类化合物，可防止发炎、调节免疫力

苦瓜

提升免疫有效成分

三萜类化合物、维生素C

食疗功效

有效控制血糖
保护肝脏

- **别名：** 凉瓜、锦荔枝
- **性味：** 性寒，味苦
- **营养成分：** 蛋白质、钙、磷、铁、胡萝卜素、维生素B_1、维生素C、苦瓜素、苦瓜苷、苦瓜碱、类黄酮素、奎宁素、植物性胰岛素、果胶、膳食纤维

○ **适用者：** 普通人、糖尿病患者　✗ **不适用者：** 怀孕及月经期妇女、手脚冰冷者、体质虚寒、胃弱者

苦瓜为什么能提升免疫力？

1 苦瓜所含的天然三萜类化合物，可抑制肿瘤细胞，抗过敏，调节免疫力，抑制炎症，保护肝脏。

2 苦瓜的维生素C含量居瓜类之冠，具有美白、预防黑斑和抗氧化之功效，常吃能促进新陈代谢，预防感冒，提升抵抗力。

苦瓜主要营养成分

1 苦瓜含有蛋白质、脂肪、钙、磷、铁、胡萝卜素、维生素B_1、维生素C、多种氨基酸、类黄酮素、膳食纤维等营养成分。

2 苦瓜还含苦瓜素、苦瓜苷、奎宁素、苦瓜碱、植物性胰岛素等营养成分。

苦瓜食疗效果

1 苦瓜中含有类似奎宁的活性物质，能刺激唾液、胃液分泌，促进新陈代谢，提高免疫功能，同时有利于促进皮肤伤口愈合。

2 由于苦瓜含有苦瓜碱，能清凉解渴、解毒消肿，眼屎多、尿少、熬夜火气大的人，可以喝苦瓜汁降火气。

3 苦瓜含铬，常吃苦瓜能有效控制血糖，减轻糖尿病和其并发症的发生。

4 苦瓜含苦瓜素，能在小肠、血液中阻止过多脂肪的吸收，对高脂血症、肥胖症有明显的改善作用。

5 李时珍在《本草纲目》中记载，苦瓜具除邪热、解劳乏、清肝明目之效，可治中暑、脓疮、眼睛发红等热病。

苦瓜食用和选购方法

1 烹调苦瓜的方式，以大火快炒或凉拌为宜；若想去除苦味，可在吃之前先汆烫，然后以清水冲洗再烹调。

2 挑选苦瓜最好以表皮光亮饱满，没有病斑、伤疤者为佳；苦瓜外皮的颗粒越饱满，则瓜肉越厚实、味美，反之则口感较差。

苦瓜饮食宜忌

1 苦瓜性寒，月经期女性或手脚冰冷者不建议吃；体质虚寒、胃弱者不宜多吃。

2 苦瓜内含奎宁素，会刺激子宫收缩，可能引起流产，怀孕妇女要慎食。

凉拌蒜味苦瓜

降低血压＋增强抵抗力

材料：

苦瓜300克，大蒜30克，辣椒10克

调味料：

白糖、醋、香油各1/2小匙，胡椒粉1/4小匙

做法：

❶ 所有材料洗净；苦瓜去籽洗净，切薄片，浸泡冰水备用。

❷ 辣椒切末；大蒜拍碎。两者加上调味料搅拌均匀。

❸ 苦瓜片沥干装盘，淋上做法❷的调味料即可食用。

提升免疫功效

热量极低的苦瓜，富含维生素C、叶酸和钾，有助身体代谢毒素，降低血压，增强抵抗力；患高血压、糖尿病、肥胖症者可多吃。

苦瓜鲜肉汤

2人份

强化免疫功能＋修复组织

材料：

苦瓜150克，猪肉100克

调味料：

盐1/2小匙

做法：

❶ 苦瓜洗净，去籽切块；猪肉洗净，切块备用。

❷ 锅中加水煮沸后，放入猪肉块、苦瓜块炖煮15分钟。

❸ 加盐煮至猪肉块熟透，即可起锅。

提升免疫功效

苦瓜中的维生素A，有助于修复受损的上皮组织；B族维生素和维生素C，能强化人体免疫功能，减轻病菌或异物入侵身体时造成的伤害。

提示 含皂苷、苦味质，能刺激免疫系统，抗癌

丝瓜

提升免疫有效成分

黏液多糖体、皂苷、B族维生素

食疗功效

帮助乳汁分泌 降火消肿

- **别名：**菜瓜、天罗瓜
- **性味：**性寒，味甘、辛
- **营养成分：**蛋白质、糖类、维生素A、维生素B_1、维生素B_2、维生素B_6、维生素C、维生素E、维生素K、叶酸、泛酸、胡萝卜素、钙、铁、镁、锌、钠、钾、铜、磷、硒、膳食纤维

○ **适用者：**普通人、哺乳妇女　✗ **不适用者：**体质虚寒者、手脚冰冷者

丝瓜为什么能提升免疫力？

1 丝瓜含有一种干扰素诱生剂，可刺激人体细胞产生干扰素，提高免疫力，具有抑制细胞突变和抗病毒感染的作用，能预防口腔癌、食管癌、胃癌和鼻咽癌，是人体正常细胞的“守护者”。

2 丝瓜含皂苷、苦味质，能维护中枢神经系统、心血管系统正常运作；且具有强化免疫系统，有抗癌、消炎、抗过敏、降血糖的作用。

丝瓜主要营养成分

1 丝瓜含蛋白质、糖类、多种氨基酸、黏液多糖体、皂苷、维生素A、维生素B_1、维生素B_2、维生素B_6、维生素C、维生素E、维生素K、烟酸、叶酸、泛酸、胡萝卜素、膳食纤维等营养成分。

2 丝瓜还含钙、铁、磷、硒、镁、锌、钠、钾、铜等矿物质。

丝瓜食疗效果

1 丝瓜含有膳食纤维和黏液多糖体，能帮助胃肠蠕动、促进排便；且对于预防肥胖症、心血管疾病，均具有良好的功效。

2 丝瓜含B族维生素和葫芦素，对火气大造成的青春痘、便秘、口干、口臭、牙龈肿胀、痰液黏稠、小便不利等有疗效。

3 丝瓜藤切口滴下的丝瓜水，因含蛋白质、黏液多糖体、皂苷、维生素等物质，具有清肝解毒、降火气、杀菌、帮助退热、防止皮肤缺水等功能。

4 中医认为，丝瓜有清热凉血、疏经活络、润肤美容、帮助乳汁分泌等功效。

丝瓜选购和食用方法

1 购买丝瓜应选择体形饱满、外观完整、无虫叮咬，且瓜身大小均匀、重者为佳；以手指轻压，富弹性者肉质较嫩。

2 丝瓜滋味甘美，除了果实可供炒食、煮汤；丝瓜露还可当作清肝降火的饮料；丝瓜花可以油炸或制作色拉菜。

丝瓜饮食宜忌

1 丝瓜性寒，体质虚寒或手脚容易冰冷者，尽量少吃丝瓜。

2 丝瓜具有清热解毒、消肿止痛的作用，类风湿性关节炎患者多吃，有助缓解关节炎症状。

元气丝瓜饭

增强免疫力+调节血压

材料：

丝瓜50克，红豆120克，大米、玉米粒各80克

做法：

1. 丝瓜洗净，去皮切片。
2. 红豆、大米、玉米粒洗净，和丝瓜片放入电饭锅中略拌。
3. 加入水，煮熟即可食用。

提升免疫功效

丝瓜能促进人体产生干扰素，可增强免疫力、抵抗癌症；搭配红豆，有助于消除水肿和体内水钠潴留的情形。

丝瓜炒沙丁鱼柳

降胆固醇+改善体质

材料：

丝瓜200克，沙丁鱼80克，虾仁20克

调味料：

橄榄油2小匙，低钠盐、胡椒粉各1/4小匙

做法：

1. 所有材料洗净；丝瓜切片；沙丁鱼切条备用。
2. 热油锅，加丝瓜片、沙丁鱼条和虾仁一起翻炒。
3. 起锅前加入低钠盐、胡椒粉，略炒即可食用。

提升免疫功效

丝瓜可排除体内多余的水分；沙丁鱼含特殊氨基酸、深海鱼油和核酸，能降低血液中的胆固醇，并提升人体免疫力，改善过敏体质。

五谷杂粮坚果类

五谷杂粮含丰富的糖类和蛋白质，是提供能量和免疫力的基础食物；其中含有大量的膳食纤维，可将肠内的废物和油脂排出体外。有些谷类还含有强力抗氧化剂——花青素，能增强细胞活力，抑制炎症和抗过敏。

非精制谷类富含B族维生素、多种矿物质，可预防过敏，还能促进生长、帮助肝脏解毒，并能调节免疫功能，帮助人体抵御外来病毒；谷类的不饱和脂肪酸和胆碱能消除过多脂肪，预防“三高”疾病。

提示 含氨基酸、糖类，提供能量，加快身体恢复

白米

提升免疫有效成分
蛋白质、糖类、氨基酸

食疗功效
补脾和胃
益气润燥

- **别名：** 米饭、大米
- **性味：** 性平，味甘
- **营养成分：** 蛋白质、糖类、氨基酸、磷、钙、镁、铁、维生素B_1、维生素B_2、维生素E、膳食纤维

○ **适用者：** 普通人 ✗ **不适用者：** 糖尿病患者、减肥者

白米为什么能提升免疫力？

1 大病初愈、刚做完手术的人，宜喝米粥作为补充体力的来源。白米质纯温和，且含大量氨基酸和糖类，不仅可帮助恢复体力，还能加快身体恢复。

2 经常食用白米，能在体内累积有效的营养成分，特别是丰富的糖类和蛋白质，是提供人们能量和增强免疫力的基础食物。

白米主要营养成分

白米含有蛋白质、糖类、氨基酸、维生素B_1、维生素B_2、维生素E、磷、钙、镁、铁、膳食纤维等营养成分。

白米食疗效果

1 白米所含的水溶性膳食纤维，可将肠内的废物和多余油脂排出体外，预防便秘、动脉硬化等疾病。

2 白米富含糖类和蛋白质，具有增进食欲，便于消化的特点。6个月以上婴幼儿，由于肠胃尚未发育完全，以清淡柔软的米粥或米汤作为副食品，有助于增加饱足感，帮助营养吸收。

3 白米所含的钙、铁、磷，和维生素B_1、维生素B_2，可使血管保持柔软，达到防止动脉硬化的目的；也可强健肌肉组织和血管，预防心血管疾病。

白米保存和食用方法

1 白米若变黄，是因为存放时间过长，导致某些营养成分发生化学变化。发黄的米色泽暗淡，香味、口感和营养价值都较差；若有霉味或生虫，最好不要再吃，以免影响健康。

2 煮好的米饭不宜保温久放，否则饭很容易变馊；若在蒸饭时放些食醋，可使煮好的米饭耐存放，而且蒸过的米饭不会有醋味，反而更香、更洁白。

3 煮饭时加入1汤匙植物油，可使米饭色、香、味俱佳，并具有增加脂溶性维生素吸收的好处。

白米饮食宜忌

1 白米的升糖指数较高，糖尿病患者不宜多吃白米饭。

2 白米含淀粉量较高，减肥者最好不要多吃，以免发胖。

提示 补虚益气、止泻止汗，提高人体免疫力

糯米

提升免疫有效成分

蛋白质、糖类、B族维生素

食疗功效

补血止泻
健脾暖胃

- **别名：**江米、元米
- **性味：**性温，味甘
- **营养成分：**
蛋白质、糖类、氨基酸、铁、磷、钙、镁、锌、铜、锰、硒、B族维生素、维生素E、膳食纤维

○ **适用者：**普通人、产后妇女 ✗ **不适用者：**胃弱、便秘者、糖尿病患者、减肥者

糯米为什么能提升免疫力？

1 糯米含有镁、锌、铜、锰等矿物质，可保健血管，使维生素能顺利被人体利用，提升人体抵抗力。

2 中医认为，糯米性温、味甘，入肺、脾经，是一种温和的滋补食物，有疗虚劳、补血、健脾暖胃等作用。身体虚弱者常吃糯米粥，能增强体力；民间更常将糯米作为女性坐月子时的滋补主食。

糯米主要营养成分

1 糯米含有蛋白质、糖类、氨基酸、维生素B_1、维生素B_2、维生素B_6、维生素E、膳食纤维等营养成分。

2 糯米还含铁、磷、钙、镁、锌、铜、锰、硒等矿物质。

糯米食疗效果

1 糯米常被当作养生药膳的主角，对于老年人来说更是滋补珍品，不仅能补虚益气，且具有止泻、止汗的作用；老人体虚、尿频，多因脾胃虚寒，经常食用糯米可改善症状。

2 糯米富含钙和磷，能帮助骨骼生长和发育，提供身体能量，常感觉腰酸腿软、四肢无力的人可多食用。

3 糯米含有B族维生素和铁，对神经系统的运作有益；常吃糯米可补血、稳定情绪，并有助于增进食欲，提高活力。

4 糯米所含的钙，对于骨骼生长、蛋白质和脂肪代谢、脑部发育也有帮助。

糯米食用方法

1 糯米烹煮后黏性大，多为制作糕点、元宵和酿酒的原料。一般来说，长糯米多半做成咸食，如米糕、咸粽；圆糯米多半做成甜食，如八宝饭、甜粽等。

2 糯米的吸水量、硬度都高于白米，烹煮糯米饭时，最好先浸泡1小时再煮，且需要比煮白米饭多放10%的水，如此可使糯米饭更易煮透，且较为香软可口。

糯米饮食宜忌

1 糯米可暖脾胃，脾胃虚寒者可多吃。

2 糯米饭的升糖指数非常高，远超过白米饭，糖尿病患者、减肥者宜少吃。

红枣糯米粥

对抗自由基＋补血安神

材料：

糯米250克，红枣8颗，枸杞子15克

调味料：

冰糖2大匙

做法：

❶ 锅内加入糯米、水，煮30分钟。

❷ 加入红枣、枸杞子，煮至变软。

❸ 加冰糖调味即可。

提升免疫功效

糯米含B族维生素和铁，有助于神经系统的运作，提高免疫力；红枣中的维生素C，有抗氧化之功效，能提升人体对抗自由基的功能。

飘香竹筒饭

提升免疫力＋增强体力

材料：

紫米、芋头丁各20克，绿豆、白果各10克，糯米100克

调味料：

低盐酱油、蘑菇粉各1/4小匙，橄榄油1小匙，香油1/2小匙，低钠盐1/6小匙

做法：

❶ 将糯米、紫米和绿豆洗净，泡水3小时。

❷ 热油锅，炒香芋头丁和白果，然后放入糯米、紫米和绿豆、其余调味料。

❸ 竹筒内抹油，放入做法❷中的食材至七分满，加水至竹筒八分满，放在蒸锅内以大火蒸30分钟，然后焖15分钟，再将米糕倒扣出来即可。

提升免疫功效

紫米和芋头皆含丰富的膳食纤维、B族维生素和锌，其中的B族维生素和锌，对提升人体免疫力具有一定的效果。

含花青素，可预防多种和自由基相关的疾病

紫米

提升免疫有效成分

蛋白质、花青素、B族维生素

食疗功效

减轻疲劳感
补血益气

- **别名：** 黑米、血米
- **性味：** 性温，味甘
- **营养成分：** 蛋白质、脂肪、糖类、氨基酸、异黄酮类、维生素B_1、维生素B_2、花青素、泛酸、叶酸、钙、铁、磷、钾、镁、锌、铜、锰、硒

○ **适用者：** 普通人、有补血需求的女性　✗ **不适用者：** 便秘上火者、肠胃不佳者、老年人

紫米为什么能提升免疫力？

1 紫米外皮含有花青素，是一种强而有力的抗氧化剂，能保护人体免受自由基的侵害；还能增强血管弹性，促进全身血液循环，提升免疫系统功能，可以抵御致癌物质，预防多种和自由基有关的疾病，包括癌症、心脏病和关节炎。

2 紫米性温、味甘，是一种滋补的谷类，经常食用可增强细胞活性，并对身体各个器官有直接的益处，且能抑制发炎和过敏的症状。

紫米主要营养成分

1 紫米含有蛋白质、糖类、氨基酸、花青素、异黄酮类、维生素B_1、维生素B_2、维生素B_6、维生素E、膳食纤维等营养成分。

2 紫米还含铁、磷、钙、镁、锌、铜、锰、硒等矿物质。

紫米食疗效果

1 紫米富含铁和B族维生素，女性常吃能稳定情绪，减轻经前综合征的不适感，是冬季手脚冰冷者、坐月子期间产妇的优选滋补食材。

2 紫米含有色氨酸等人体必需的氨基酸，可帮助提高记忆力，使心情平稳愉悦，还能缓解疲倦和失眠的症状。

3 紫米富含黄酮类活性物质，可增强血管弹性，保护血管内壁，预防动脉硬化，并降低心脏病和脑卒中的发生率。

紫米食用和保存方法

1 紫米最常制作成甜粥，洗好的紫米在烹煮之前，至少要泡水1小时，这样煮出来的粥，口感更好。

2 紫米容易遭虫蛀，买回来应以密封容器储存，放在阴凉处，并尽快食用完毕。

3 烹调紫米时要注意，其大部分营养成分在表皮，不宜过度清洗，以免营养流失。

紫米饮食宜忌

1 紫米具有收敛作用，如有便秘、热性体质或肠胃燥热而上火者不宜多食，以免助长火气。

2 紫米不易消化，肠胃不佳者或老年人最好不要吃太多。

桂圆红枣紫米粥

增强抵抗力＋改善贫血

材料：

紫米180克，桂圆25克，红枣8颗

做法：

❶ 将紫米、桂圆、红枣清洗干净；紫米浸泡于水中2小时。

❷ 将所有食材放入锅中，加水，以大火熬煮至熟软即可。

提升免疫功效

紫米富含铁，能补充气血；黄酮类化合物可提高血红蛋白含量，有利于改善贫血；红枣富含维生素C，能增强抵抗力。

紫米芦笋卷

促进血液循环＋抑制发炎

材料：

芦笋100克，熟核桃仁20克，紫米、白米各30克，寿司海苔2张

调味料：

低脂沙拉酱4小匙，寿司醋1大匙

做法：

❶ 分别将紫米、白米煮熟，再将两种米混合拌入寿司醋，放凉备用。

❷ 海苔对切；芦笋汆烫后冰镇，沥干；熟核桃仁磨成粉。

❸ 将海苔略烤，放入做法❶中的紫米和白米、芦笋、核桃粉、低脂沙拉酱，卷好后切段即可。

提升免疫功效

紫米种皮含有花青素，故呈黑色，内含丰富的维生素A、B族维生素、维生素C、维生素E、钾、磷、铁、锌等，其中锌对提升人体免疫力很有帮助。

燕麦紫米糕

3人份

抑菌抗氧化+增强免疫力

材料：

粘米粉150克，无筋面粉、淀粉各10克，熟燕麦、熟紫米各50克，胡萝卜末30克

调味料：

白糖1大匙，盐2小匙

做法：

1. 粘米粉、无筋面粉、淀粉、调味料加水230毫升拌匀，再加汆烫后的胡萝卜末混匀。
2. 锅中倒入520毫升水，煮沸后加燕麦和紫米煮沸，熄火；待水温降至85~90℃时，加入做法❶中的食材拌匀，再入锅蒸40分钟即可。

提升免疫功效

燕麦含有β-葡聚糖，具有抗菌和抗氧化的作用，不仅可以增强人体的免疫力，还能加速伤口愈合。

紫米燕麦饮

2人份

阻挡病菌入侵+预防气喘

材料：

紫米25克，燕麦20克

调味料：

冰糖1大匙

做法：

1. 紫米和燕麦洗净，泡水约4小时后捞起，放入果汁机中，加水250毫升打成浆。
2. 将250毫升水倒入锅中煮沸，再加入做法❶的紫米燕麦浆，拌煮至沸。
3. 转小火续煮5分钟，加入冰糖，拌匀即可。

提升免疫功效

紫米和燕麦含B族维生素，能增强免疫细胞活性，使身体不易遭受病菌入侵；紫米中的镁，能松弛支气管平滑肌，预防气喘。

提示 含维生素E，可延缓细胞衰老，促进伤口愈合

糙米

提升免疫有效成分

蛋白质、膳食纤维、B族维生素、维生素E

食疗功效

维持肠道健康
降低胆固醇

- **别名：** 玄米、金米
- **性味：** 性平，味甘
- **营养成分：** 蛋白质、糖类、氨基酸、不饱和脂肪酸、米糠醇、B族维生素、维生素E、维生素K、钙、铁、磷、镁、钾、膳食纤维

○ **适用者：** 普通人、经常外食者　✗ **不适用者：** 消化功能不佳者、3岁以下幼儿

糙米为什么能提升免疫力？

1 糙米富含B族维生素和锌、锰、钒等微量元素，可预防脚气病和神经过敏，并具有促进生长、帮助肝脏解毒之效。

2 糙米含有膳食纤维，可促进胃肠蠕动、消化，排除肠壁的废物和毒素，增加肠内有益菌数量，增强免疫力，并具有抗癌、降低胆固醇之功效。

糙米主要营养成分

1 糙米含有蛋白质、糖类、氨基酸、不饱和脂肪酸、米糠醇、维生素B_1、维生素B_2、维生素B_6、维生素B_{12}、维生素E、泛酸、叶酸、膳食纤维等营养成分。

2 糙米还含有钙、铁、磷、镁、钾、锌、铜、锰等矿物质。

3 糙米的膳食纤维和维生素B_1的含量比白米高。

糙米食疗效果

1 糙米中的维生素E，又名生育醇，有防治更年期综合征，减缓细胞衰老，促进伤口愈合等功效。

2 糙米含有维生素K。人体的造骨细胞需要维生素K，以协助骨骼发育；且维生素K具有促进血液正常凝固的作用，可预防新生儿出血性疾病和女性内出血、月经期大量出血等现象。

3 糙米中的米糠醇，能增进血脂和脂蛋白的代谢，具有降低血清总胆固醇、低密度脂蛋白、甘油三酯的效果，可预防高脂血症、心脏病、高血压、脂肪肝等疾病。

4 糙米含有大量B族维生素，可以调整自主神经功能，有助于改善焦虑、失眠、抑郁等症状。

糙米食用方法

虽然糙米营养丰富，但有些人不习惯糙米粗糙、干硬的口感，不妨先尝试和白米混合烹煮，既可改善口感，又能补足白米营养不足之处。

糙米饮食宜忌

糙米不易消化，肠胃虚弱者、3岁以下幼儿，最好不要吃太多。

提示 维持体内酸碱平衡，帮助人体抵抗疾病

胚芽米

提升免疫有效成分

B族维生素、维生素E、硒、锌

食疗功效

降甘油三酯
预防动脉硬化

- **别名：** 玄米、发芽米
- **性味：** 性平，味甘
- **营养成分：** 蛋白质、糖类、氨基酸、不饱和脂肪酸、米糠醇、B族维生素、维生素E、维生素K、钙、铁、磷、镁、钾

○ **适用者：** 普通人、孕妇、老年人　✗ **不适用者：** 无

胚芽米为什么能提升免疫力?

1 胚芽米含有硒，可防止自由基攻击正常细胞，预防高血压、动脉硬化、心肌梗死，并能调节人体免疫功能。

2 胚芽米含有锌，能提高人体抵抗感染和疾病的能力，也有助于预防前列腺增生。

3 胚芽米中的锌，也可帮助维持体内酸碱平衡，促进伤口愈合。

胚芽米主要营养成分

1 胚芽米含有蛋白质、糖类、氨基酸、不饱和脂肪酸、米糠醇、维生素B_1、维生素B_2、维生素B_6、维生素B_{12}、维生素E、叶酸、膳食纤维等营养成分。

2 胚芽米还含有钙、铁、磷、镁、钾、锌、铜、锰等矿物质。

胚芽米食疗效果

1 胚芽米中的钙，对婴儿、成长中青少年的牙齿和骨骼发育很重要；对于预防老年人、更年期女性的骨质疏松症也很有帮助。

2 胚芽米中的不饱和脂肪酸，具有预防动脉硬化的作用，能明显降低血液中胆固醇的浓度。

3 胚芽米中的铬和米糠醇，能帮助血糖维持稳定，减轻糖尿病的症状，降低罹患心血管疾病和脑卒中的概率。

4 胚芽米富含维生素B_1，能增进食欲、帮助消化、减少疲倦感；所含的维生素B_2，能促进儿童发育，防治口角炎或舌炎；所含的维生素B_6，可防治皮肤过敏、皮肤炎。

胚芽米食用和保存方法

1 糙米碾去米糠层，保留住胚芽，就是所谓的“胚芽米”；胚芽米的特性介于糙米和白米之间，烹煮方式和白米相同。

2 胚芽米保留着活性的胚芽营养，较白米易腐坏，买回后应装于密封容器内，冷藏保存，并尽早食用完毕。

胚芽米饮食宜忌

胚芽米富含不饱和脂肪酸和米糠醇，年长者可多吃胚芽米，以降低血液中的甘油三酯和胆固醇。

茭白软丝粥

3 人份

增加抗体 + 清除病毒

材料：

茭白块100克，燕麦20克，软丝（切花片）80克，胚芽米30克，胡萝卜块50克

调味料：

低钠盐1/2小匙

做法：

1. 锅中加水煮沸，放入胚芽米和燕麦煮软。
2. 加入茭白块、胡萝卜块熬煮。
3. 放入软丝、低钠盐，煮熟即可。

提升免疫功效

茭白富含膳食纤维和钾，为清热利尿的食材；胚芽米中丰富的维生素E能促进抗体合成，清除病毒、细菌，有效提升免疫力。

双豆胚芽饭

3 人份

提升免疫力 + 预防癌症

材料：

胚芽米300克，黑豆60克，黄豆50克

调味料：

盐2克

做法：

1. 黑豆、黄豆洗净，沥干；胚芽米洗净。
2. 热锅，放入黑豆、黄豆，以小火干煎约15分钟，熄火放凉备用。
3. 胚芽米加入温开水，放置2小时。
4. 将黑豆、黄豆放入胚牙米水中，加盐混合均匀。
5. 将所有食材放入电饭锅中煮熟，充分搅拌翻动，再盖上锅盖焖10分钟即可。

提升免疫功效

胚芽米含糖类、脂肪、蛋白质和维生素A、B族维生素；其中所含的B族维生素是人体免疫细胞的“促进剂”，有助于提升免疫力。

提示 可清除自由基，提高人体自愈力

荞麦

提升免疫有效成分

黄酮类化合物、铬、维生素E

食疗功效

控制血糖
降低胆固醇

● 别名：净肠草、花荞

● 性味：性微凉，味甘

● 营养成分：

蛋白质、脂肪、糖类、B族维生素、维生素C、维生素E、钙、磷、铁、铜、锌、硒、硼、碘、镍、钴、膳食纤维

○ 适用者：普通人、高脂血症和糖尿病患者　✗ 不适用者：腹泻、过敏体质者

荞麦为什么能提升免疫力?

1 荞麦含有大量的黄酮类化合物，具有清除自由基的能力，能增强巨噬细胞的吞噬能力，阻止脂肪氧化引起的细胞损伤，间接起到抗癌、提高抗病力和自愈力的作用。

2 荞麦含有丰富的维生素E、可溶性膳食纤维，能帮助清理肠道沉积的废物，维持肠道有益菌良好的生长环境，有助于提高人体抵抗力，并能延缓衰老。

荞麦主要营养成分

1 荞麦含有蛋白质、脂肪、糖类、维生素B_1、维生素B_2、维生素B_6、维生素B_{12}、维生素C、维生素E、烟酸、芸香素、黄酮类化合物、有机酸、膳食纤维等营养成分。

2 荞麦还含有钙、磷、铁、铜、锌、硒、硼、碘、镍、钴等矿物质。

荞麦食疗效果

1 荞麦含有柠檬酸、草酸和苹果酸等有机酸，可帮助消化，消除胀气，治疗痢疾，并有消肿、清热、祛湿等作用。

2 荞麦富含维生素P，具有维护血管弹性、防止毛细血管破裂，促进细胞增生和降低血脂，扩张冠状动脉，增强动脉血流量等多种作用；常吃荞麦，还可防治视网膜出血、脑出血、高血压和相关出血性疾病。

3 荞麦含有多种优质脂肪酸，其中油酸和亚油酸含量最多，可降低血清中胆固醇、甘油三酯，对预防动脉硬化、高血压、心脏病、高脂血症等有特殊的保健作用。

4 荞麦中含铬，能增强胰岛素的活性，加速人体糖类代谢，促进脂肪和蛋白质的分解，可控制糖尿病患者的血糖、尿糖；对于高脂血症患者降低胆固醇和甘油三酯也具有一定的效果。

5 荞麦含类黄酮物质，有助消炎抗菌、止咳祛痰。

6 荞麦富含膳食纤维，可帮助排便，对肠道具有保健功效。

7 中医理论认为，荞麦入胃、肠经，具有开胃宽肠、消食化滞、健脾益气、除湿下气等功效。

荞麦食用方法

1 荞麦磨粉后可当作面粉使用，通常用来做成面条、饺子皮、煎饼等面食。

2 荞麦去壳后的种仁，可代替白米煮成荞麦饭，荞麦的嫩叶亦可作蔬菜食用。

3 荞麦粉做成的荞麦面，除可热食，也能在煮熟后以冷开水冲凉，调入酱料当凉面食用。

4 除煮成荞麦饭、制成荞麦面，荞麦还可作为麦片和糖果的原料。

荞麦饮食宜忌

1 经常腹泻、体质敏感的人，不可食用太多荞麦，否则易造成消化不良。

2 荞麦的某些成分具有降低血糖的功效，适合糖尿病患者多吃。

3 荞麦和海带不宜搭配食用。海带中的铁，会妨碍人体对荞麦中维生素E的吸收；还容易出现静脉曲张等症状。

南瓜荞麦面

强化血管＋增强免疫力

材料：

南瓜肉300克，荞麦面200克，菠菜100克，枸杞子10克

调味料：

香油1/2小匙，盐少许

做法：

❶ 南瓜肉放入电饭锅中蒸熟，取出放凉后磨成泥。

❷ 菠菜洗净后切成段。

❸ 将荞麦面汆烫后，冲凉沥干备用。

❹ 将南瓜泥和枸杞子放入锅中，加500毫升水，以小火煮沸。

❺ 加入菠菜段、荞麦面、调味料，搅拌煮熟即可。

提升免疫功效

荞麦含有多种抗氧化成分，可降低胆固醇，强化血管，预防脑卒中；南瓜含β-胡萝卜素、铬和膳食纤维，能稳定体内血糖，强化免疫力。

健康十谷饭

增进免疫力+抑制胆固醇

材料：

胚芽米250克，红薏苡仁、荞麦、燕麦各60克，小米、紫米各40克

做法：

1. 所有材料洗净。
2. 将红薏苡仁和荞麦浸泡于水中约2小时，捞起后沥干备用。
3. 将所有材料放入电饭锅中，加水煮熟即可。

提升免疫功效

红薏苡仁萃取物能预防高血压、高脂血症，其薏苡仁体可增强免疫力、抗过敏；燕麦含β-葡聚糖，能抑制肠道对胆固醇的吸收。

胚芽荞麦饭

强化毛细血管+提高代谢

材料：

胚芽米250克，荞麦120克

做法：

1. 胚芽米、荞麦洗净。
2. 荞麦浸泡于水中3小时后捞起。
3. 将胚芽米、荞麦、水倒入电饭锅中，煮熟即可。

提升免疫功效

荞麦含芸香素，可强化毛细血管功能，防止脑卒中；膳食纤维能提升肠道免疫系统功能；胚芽米含B族维生素，可促进新陈代谢。

提示 富含膳食纤维，可清肠排毒、活化细胞

小麦

提升免疫有效成分

类黄酮、B族维生素、维生素E

食疗功效

缓解精神压力
预防脚气病

- **别名：** 麦子、白麦
- **性味：** 性凉，味甘
- **营养成分：** 蛋白质、脂肪、糖类、B族维生素、维生素E、类黄酮、卵磷脂、胆碱、钙、磷、铁、铜、锌、钴、膳食纤维

○ **适用者：** 普通人 ✗ **不适用者：** 对小麦过敏者、1岁以下婴幼儿

小麦为什么能提升免疫力？

1 小麦含有类黄酮，可抗衰老、防肿瘤，对心血管疾病具有预防的效果。

2 小麦中的膳食纤维，可清肠排毒、防治便秘、活化细胞、延缓细胞老化。

3 小麦胚芽含大量维生素E，是一种强效的抗氧化剂，能清除自由基，促进人体代谢，延缓衰老；并具有增强血管弹性，防治高血压、动脉硬化、心脏病的功效，常吃能延年益寿，提升人体免疫力。

小麦主要营养成分

1 小麦含有蛋白质、脂肪、糖类、B族维生素、维生素C、维生素E、类黄酮、卵磷脂、淀粉酶、蛋白酶、膳食纤维等营养成分。

2 小麦还含有钙、磷、铁、铜、锌、硒、硼、碘、镍、钴等矿物质。

小麦食疗效果

1 小麦中的脂肪80%是不饱和脂肪酸，亚油酸的含量占60%以上，具有降低血清胆固醇、甘油三酯的功效，还能降低罹患高血压、高脂血症、冠心病、糖尿病、脂肪肝等疾病的概率。

2 小麦胚芽中的胆碱含量非常丰富，可以在人体形成乙酰胆碱，帮助脑部神经传导，具有提升脑力、集中注意力、预防阿尔茨海默病的作用。

3 小麦含有丰富的B族维生素，是一种抗抑郁的食物，对缓解精神压力，消除紧张、失眠、心悸有一定的功效；并能预防脚气病、末梢神经炎。

小麦食用方法

1 小麦通常磨成面粉，做成面包、面条、包子、馒头、饼干、甜点等面食；或作为酿酒的原料。

2 小麦的主要营养保留在麦壳、小麦胚芽中，故应减少只吃精白面粉制作的食物；多食用全麦制成的浅棕色面食和面包，才可以吸收到真正有利于人体的营养成分。

小麦饮食宜忌

1 1岁以下婴幼儿，肠胃尚未发育完全，应避免吃小麦制品，以免消化不良或引发过敏。

2 小麦中的麦麸蛋白成分，对某些人来说，可能会引发过敏，需慎食。

提示 富含B族维生素，可帮助人体抵御外来病毒

燕麦

提升免疫有效成分

B族维生素、维生素E、水溶性膳食纤维

食疗功效

降低胆固醇
防治便秘

- **别名：** 雀麦、野麦
- **性味：** 性平，味甘
- **营养成分：** 蛋白质、糖类、脂肪、B族维生素、维生素E、镁、铁、钾、锌、铜、锰、硒、膳食纤维

○ **适用者：** 普通人、高脂血症患者　✗ **不适用者：** 对燕麦过敏者、1岁以下婴幼儿

燕麦为什么能提升免疫力?

1 燕麦所含的水溶性膳食纤维主要是β-葡聚糖，可减缓食物消化的速度，帮助控制血糖，并降低血清中的胆固醇。常吃燕麦粥，可预防胆固醇囤积，并降低罹患心脏病、糖尿病、高血压的风险。

2 和其他谷类相比，燕麦含有更丰富的铁、镁、锌、铜、锰、硒等矿物质，还含有充足的B族维生素、维生素E，可以调节人体免疫功能，帮助抵御外来的病毒。经常食用燕麦，能延缓衰老，提升人体免疫力。

燕麦主要营养成分

1 燕麦含有膳食纤维、蛋白质、脂肪、淀粉酶、糖类、铜、锰、硒、镁、铁、钾、锌、亚麻油酸、次亚麻油酸、卵磷脂、胆碱等营养成分。

2 燕麦还含有维生素B_1、维生素B_2、维生素B_6、维生素B_{12}、维生素C、维生素E、叶酸等营养成分。

燕麦食疗效果

1 燕麦富含膳食纤维，有助于清除肠内毒素、防治便秘，可预防大肠癌。

2 燕麦含有人体必需的脂肪酸，不仅不易使人发胖，还具有降低胆固醇、甘油三酯的功效。常吃燕麦，可以远离心血管疾病和脑卒中的威胁。

3 燕麦含有大量B族维生素，能预防脚气病和口角炎，对于提振精神和增强体力也有帮助。燕麦所含的维生素B_6、维生素B_{12}、叶酸，则可预防贫血等症状。

燕麦食用方法

1 市售冲泡型的燕麦片或燕麦粉，加热水或热牛奶直接冲泡即可；如果是需要煮食的生燕麦片，可加入火腿、玉米等配料，熬煮成咸的燕麦粥；或加糖、蜂蜜，煮成甜的燕麦粥。

2 燕麦可以烘焙成面包、饼干等点心。

燕麦饮食宜忌

1 对于1岁以下婴幼儿、某些过敏体质者来说，需慎食燕麦，以免诱发过敏。

2 燕麦若摄取过多，不但容易消化不良，还会阻碍钙、磷、铁等矿物质的吸收。

燕麦鲜奶茶

抑菌抗氧化＋防心血管病

材料：

燕麦片20克，绿茶包2个，低脂鲜奶、热水各250毫升

调味料：

冰糖5克

做法：

1. 以热水（约80℃）冲泡绿茶包，待泡出味道后备用。
2. 加入低脂鲜奶、燕麦片、冰糖拌匀即可。

提升免疫功效

燕麦含β-葡聚糖，有抗菌和抗氧化的作用，可增强人体免疫力；且含大量膳食纤维，可预防心血管疾病。

燕麦黑豆浆

促肠蠕动＋增强免疫力

材料：

熟燕麦20克，紫米、青豆各10克，黑豆浆200毫升

做法：

1. 将黑豆浆煮沸。
2. 加入紫米和熟燕麦一起熬煮。
3. 起锅前加入青豆，略煮即可。

提升免疫功效

紫米、燕麦和青豆，均富含膳食纤维，可促进胃肠蠕动，预防便秘；黑豆浆含类黄酮、钙、维生素A、维生素E，能增强人体免疫力。

提示 含单元不饱和脂肪酸，可预防心脏病、高血压

薏苡仁

提升免疫有效成分

水溶性多糖、不饱和脂肪酸

食疗功效

美白肌肤
防治便秘

- **别名：** 薏仁、苡米
- **性味：** 性微寒，味甘
- **营养成分：** 蛋白质、脂肪、糖类、维生素B_1、维生素B_2、维生素C、泛酸、钙、铁、磷、钾、薏苡仁素、薏苡仁酯、膳食纤维

○ **适用者：** 普通人、欲美白肌肤者 ✗ **不适用者：** 体质虚寒者、孕妇

薏苡仁为什么能提升免疫力？

1 薏苡仁含有丰富的水溶性多糖，避免人体细胞受到病毒感染，具有调节体内血脂的功能，可降低甘油三酯、血糖、胆固醇的含量。

2 薏苡仁含有薏苡仁素、薏苡仁酯等成分，可加速新陈代谢和血液循环，还能抗过敏、提升人体免疫功能。

薏苡仁主要营养成分

1 薏苡仁含有维生素B_1、维生素B_2、维生素C、泛酸、胆碱、蛋白质、氨基酸、脂肪、糖类、薏仁素、薏仁酯、膳食纤维等营养成分。

2 薏苡仁还含有铁、磷、钙、钾等矿物质。

薏苡仁食疗效果

1 薏苡仁的油脂含较多油酸、亚麻油酸，属于单元不饱和脂肪酸，可以降低血脂、血胆固醇，还具有减肥之功效；并可预防心脏病、高血压、肝硬化等疾病。

2 薏苡仁含有水溶性膳食纤维和钾，能促进体内废物排出和水液代谢，维持血液中电解质的平衡，有利尿、消肿、帮助排便的作用。

3 薏苡仁含有大量B族维生素、氨基酸，对于消除皮肤斑点、美白皮肤、改善湿疹症状，具有一定的疗效。

薏苡仁选购、保存和食用方法

1 选购薏苡仁，以干燥、色泽自然、无虫蛀空洞、颗粒饱满完整、无粉碎粒者为佳品；且应放置于保鲜盒内，避免湿气和高温影响品质。

2 薏苡仁通常可和红豆、绿豆煮成甜汤；亦可作为甜品的配料。

薏苡仁饮食宜忌

1 薏苡仁可以利湿，容易腹泻且粪便呈黏稠状的人，可以适量食用薏苡仁，帮助消除症状。

2 薏苡仁可造成子宫收缩，怀孕初期的妇女应避免食用。

排毒杂粮粥

保护肝脏＋代谢毒素

材料：

芡实、薏苡仁、莲子、红枣、桂圆、白果各8克，白米250克

调味料：

冰糖适量

做法：

1. 将全部材料洗净，和水一同放入锅中，以小火熬煮成粥。
2. 煮好后加入冰糖调味即可。

提升免疫功效

此粥品可健脾开胃，因添加红枣，更具抗病毒的作用，能减轻肝脏负担；此外，还有增进食欲、加速有毒物质代谢的效果。

薏苡仁鲜蔬糙米粥

增强免疫力＋抗过敏

材料：

芋头300克，薏苡仁、糙米、洋葱、胡萝卜各100克，洋菇8朵

调味料：

白胡椒粉、亚麻仁油各少许

做法：

1. 所有材料洗净；芋头、洋葱、胡萝卜分别去皮，切丝；洋菇对切备用。
2. 薏苡仁先煮半熟后，加入糙米一起煮沸，转小火后再熬煮半小时。
3. 放入芋头丝、洋葱丝、胡萝卜丝，再熬煮40分钟；最后加入洋菇煮沸，熄火前加入调味料略煮即可。

提升免疫功效

薏苡仁含丰富的蛋白质、油脂、维生素B_1、维生素B_2，以及钙、铁、磷等矿物质；薏苡仁萃取物具有增强人体免疫力、抗过敏的作用。

可乌发润肌，促进肠道蠕动，维持消化道健康

芝麻

提升免疫有效成分

B族维生素、维生素E、脂肪酸、氨基酸

食疗功效

补血养发

润肠通便

- **别名：** 胡麻、芝麻子
- **性味：** 性平，味甘
- **营养成分：** 蛋白质、脂肪、糖类、膳食纤维、维生素B_1、维生素B_2、维生素B_6、维生素E、钙、镁、磷、铁、锌

○ **适用者：** 普通人　✗ **不适用者：** 肠胃虚弱者

芝麻为什么能提升免疫力？

1 芝麻含有优质蛋白质和人体必需的氨基酸，是构成人体细胞的主要原料。

2 芝麻含有丰富的维生素B_1、维生素B_2、维生素B_6、维生素B_{12}。人体要维持健康，需要大量的B族维生素，才能进行能量代谢和转换；B族维生素和抗体的合成也有紧密关系，多吃芝麻有助于提升人体免疫力。

3 芝麻还含有丰富的维生素E，可增强T细胞的活性，有助于消除自由基、提升免疫细胞的功能。

4 芝麻富含膳食纤维，可帮助肠道蠕动，减少肠壁上的废物和脂肪，维持消化道功能的健康，是间接保障人体免疫功能的第一道防线。

芝麻主要营养成分

1 芝麻含有膳食纤维、蛋白质、钙、氨基酸、糖类、脂肪、维生素B_1、维生素B_2、维生素E、泛酸、胆碱等营养成分。

2 芝麻还含有铁、磷、钾、钠、铜、镁、锌、硒等矿物质。

芝麻食疗效果

1 芝麻中的胆碱和肌醇，能消除肝脏过多的脂肪，预防脂肪肝形成，是脂肪、胆固醇代谢所必备的营养成分。多吃芝麻可以预防高脂血症。

2 芝麻的维生素E含量特别高。维生素E能抗氧化、抗衰老、滋润皮肤、预防肌肤干燥，还能软化血管，增强心脏功能。

3 芝麻含钙量高，经常食用，对于儿童、青少年的骨骼和牙齿发育大有益处，对于预防骨质疏松也有帮助。

4 芝麻中最主要的脂肪酸是亚油酸、亚麻油酸。这种不饱和脂肪酸可抗氧化，降低坏胆固醇、甘油三酯，具有保护心脏、血管健康，预防老化的效果。

5 黑芝麻油是坐月子的最佳补品，含亚麻油酸，有助产妇子宫收缩，排除恶露。

6 芝麻含铁量高，女性常吃，可帮助补充气血，并预防缺铁性贫血。

7 若有应酬、需要喝酒的场合，可先吃点以芝麻制作的点心来垫胃，以帮助吸收酒精，避免酒醉。

8 芝麻具有补血、润肠、生津、通乳、养发之效。可缓解早生白发、便秘、口干舌燥、乳腺不通等症状。

芝麻食用和保存方法

1 芝麻可以加工制成各种中西式点心，如芝麻糖、芝麻酥饼、芝麻面包、芝麻布丁；亦可榨油、制成馅料和芝麻酱。

2 食用生芝麻前，可用干锅略炒，或以烤箱烤香备用。

3 储存芝麻制品时宜密封，并放在阴凉处，避免光照和高温，才不会变质。

芝麻饮食宜忌

1 多吃芝麻，有利于降低血液中脂肪含量，适合心血管疾病患者食用。

2 芝麻制品如果存放不当，其脂肪氧化变质，会产生怪味，就不可再食用。

山药芝麻豆浆

保护皮肤＋增强免疫力

材料：

山药100克，黑芝麻20克，无糖豆浆120毫升

调味料：

蜂蜜1小匙

做法：

❶ 山药洗净去皮，切小块。

❷ 山药块、黑芝麻、无糖豆浆放入豆浆机中，搅打均匀。

❸ 倒入杯中，加入蜂蜜调味即可。

提升免疫功效

芝麻含有芝麻素，能保护皮肤不受紫外线伤害；山药含有微量元素——有机锗，可促进干扰素生成和增加T细胞数量，从而增强人体免疫功能。

黑芝麻海带汤

排除毒素＋增强抗病力

材料：

海带150克，黑芝麻50克

调味料：

盐适量

做法：

1. 将黑芝麻放入炒锅中，以小火翻炒。
2. 将海带放入水中泡软，切成大片。
3. 黑芝麻放入锅中，加入海带片和水一起煮成汤，加盐调味即可。

提升免疫功效

芝麻中的芝麻素，能发挥抗氧化的作用，明显提升巨噬细胞吞噬癌细胞的能力；海带富含胶质纤维，可帮助肠道排出毒素。

提升免疫功效

芝麻富含铁，可预防贫血、增强体力；所含的维生素B_1，可消除疲劳；黄豆能修复细胞组织，使人体产生抗体，保护中枢神经。

豆花芝麻糊

产生抗体＋增强体力

材料：

黄豆豆花300克，黑芝麻粉30克，粘米粉10克

调味料：

白糖20克

做法：

1. 将黑芝麻粉、粘米粉、白糖放入锅中，用小火煮至白糖溶化，变成泥状。
2. 取适量做法❶中的食材，加入黄豆豆花、水即可。

提示 含卵磷脂，可健脑润肌，增强细胞活性

核桃

提升免疫有效成分

维生素E、脂肪酸、氨基酸

食疗功效

滋润肌肤

增强脑力

- 别名：胡桃、羌桃
- 性味：性温，味甘
- 营养成分：
蛋白质、糖类、脂肪、维生素A、维生素B_1、维生素B_2、维生素C、维生素E、叶酸、泛酸、铁、锌、铜、镁、磷、膳食纤维

○ 适用者：普通人 ✗ 不适用者：体质燥热者

核桃为什么能提升免疫力?

1 核桃仁含维生素E，可使细胞免受自由基的侵害，是医学界公认的抗衰防老食物。

2 吃核桃仁可滋养体质，使头发乌黑；也可避免心脏衰弱，并维护人体免疫力。

3 核桃仁含有丰富的卵磷脂，是人体细胞构造的主要成分之一。充足的卵磷脂，能增强细胞活性，对健脑、促进皮肤新生和伤口愈合、增强免疫力等，都具有良好的作用。

核桃主要营养成分

1 核桃仁含有丰富的蛋白质、氨基酸、糖类、脂肪（亚麻油酸、次亚麻油酸）、卵磷脂、膳食纤维等营养成分。

2 核桃仁含维生素A、维生素B_1、维生素B_2、维生素C、维生素E、叶酸、泛酸等营养成分和钙、铁、锌、铜、锰、镁、磷矿物质。

核桃食疗效果

1 核桃仁含有丰富的蛋白质、人体必需氨基酸，为大脑组织细胞代谢的重要物质，能滋养脑细胞，增强脑力。

2 核桃仁的脂肪中富含亚麻油酸、次亚麻油酸。这些不饱和脂肪酸能净化血液，清除血管壁的杂质，消耗体内囤积的脂肪，有效防治心脑血管疾病，适合动脉硬化、高血压和冠心病患者食用。

3 核桃仁的油脂中含有氨基酸、锌，具有收敛、消炎和止痒的作用，可外用于皮肤炎、湿疹等病症的治疗。

核桃食用方法

1 以核桃仁磨浆煮成核桃糊，口感香浓，常喝能滋润肌肤，使人容光焕发。

2 除直接食用核桃仁之外，还有烤核桃仁、蜜炙核桃仁、油炸核桃仁等吃法。

核桃饮食宜忌

1 核桃因含较多油脂，不易消化，多吃会引起腹泻。

2 核桃含鞣酸，吃核桃时应少喝浓茶，以免难以消化。

3 核桃属性燥热，而酒类也属热性，两者同食，容易生痰上火而致病，故吃核桃时不可配酒。

含硒，能促进淋巴细胞增生，调节免疫功能

松子

提升免疫有效成分

亚油酸、亚麻油酸、维生素E

食疗功效

润肠通便
止咳润肺

- **别名：** 崧子、松仁
- **性味：** 性温，味甘
- **营养成分：** 蛋白质、脂肪、氨基酸、糖类、维生素B_1、维生素B_2、维生素E、泛酸、胆碱、钙、铁、磷、镁、锌、硒、膳食纤维

○ **适用者：** 普通人、肺部虚弱者　✗ **不适用者：** 热咳痰多者、腹泻者

松子为什么能提升免疫力？

1 松子含有钙、铁、磷等矿物质，能促进能量转换，提供人体丰富的营养成分，具有强壮筋骨、消除疲劳、抗氧化、提高耐力、增强人体免疫功能等诸多作用。

2 现代医学发现，松子含有硒，能促进淋巴细胞增生、抑制细胞突变，具有预防癌症、调节免疫系统的功能。

3 中医认为，松子性温、味甘，具有润肠通便、润肺止咳、滋补健身的作用。

松子主要营养成分

1 松子含有蛋白质、脂肪、氨基酸、糖类、维生素B_1、维生素B_2、维生素E、泛酸、胆碱、膳食纤维等营养成分。

2 松子还含有钙、铁、磷、钾、钠、铜、镁、锌、硒等矿物质。

松子食疗效果

1 松子富含大量的维生素E，能促进男女生育功能；对保护心脏功能、润肤美容、延缓衰老、增强记忆力，也具有良好的效果。

2 松子所含的脂肪为不饱和脂肪酸，如亚油酸、亚麻油酸等，能降低血脂，防止胆固醇在血管壁上沉积而形成动脉硬化，有预防心血管疾病之效。

3 松子中的亚油酸、亚麻油酸、微量元素锰，具有增强脑力、维护脑细胞功能和神经功能的作用，青少年常吃能帮助补脑益智。

松子选购和食用方法

1 选购松子时，以口感香酥、无怪油味者为佳。

2 松子通常用来作为中式烹饪的配料；食用前可用干锅略炒，或以烤箱烤香。

3 松子亦可当作糖果、中式糕点的辅料，还可用来榨油。

松子饮食宜忌

1 松子润肺、滑肠又补身，适宜体质虚弱、便秘者和慢性支气管炎患者适量食用。

2 松子性温且含有丰富油脂，热咳痰多、腹泻者应避免食用。

坚果凉拌葱丝

抑制细胞突变+活化T细胞

材料：
腰果15克，松子仁10克，葱10根，辣椒1个，香菜2株，大蒜2瓣

调味料：
陈醋、白糖各2小匙，酱油、白醋、香油各1小匙

做法：
1. 所有材料洗净；葱、辣椒切丝；香菜切段；大蒜切末。
2. 所有调味料混匀，再加葱丝、辣椒丝、香菜段、大蒜末搅拌均匀。
3. 撒上捣碎的松子仁和腰果即可。

提升免疫功效

松子含硒，能促进淋巴细胞增生，抑制细胞突变；葱中的含硫化合物，可提升T细胞、巨噬细胞的活性，增强人体抗病能力。

松子鸡丁

减少感染+增加抗体

材料：
鸡胸肉120克，松子仁30克，葱1根、红辣椒1个，鸡蛋1个

调味料：
橄榄油1小匙，水淀粉1大匙，盐、米酒各1/2小匙

做法：
1. 所有材料洗净；葱切末；红辣椒去籽，切丝；鸡蛋取蛋白。
2. 鸡胸肉切小丁，用蛋白、水淀粉、米酒和盐腌渍入味，再过油，捞起。
3. 热油锅，爆香葱末，加入鸡丁翻炒，再加红辣椒丝炒至香气溢出，起锅前撒入松子仁即可。

提升免疫功效

松子含维生素E和锌，可活化T细胞，增加抗体数量，帮助对抗病毒入侵。免疫力较差者适量摄取，能降低呼吸道疾病的感染率。

水产、肉类

水产、肉类富含蛋白质、氨基酸，能帮助肌肉、骨骼、皮肤生长。

本节介绍的虾含虾红素，抗氧化效果强，能防止细胞膜氧化，降低肿瘤发生率；螃蟹中的甲壳素有助于减少细胞病变；海参中的黏液多糖体、皂苷，能调节人体免疫力；鱼类富含EPA、DHA，可维持细胞膜和血管的弹性，帮助提升记忆力。

肉类中的羊肉含大量蛋白质、铁，可补中益气、暖肾补肝，帮助改善体质，并增强人体免疫力。

提示 增强免疫功能，补充营养物质

虾

提升免疫有效成分

虾红素、牛磺酸、氨基酸

食疗功效

消除疲劳
保护肝脏

- **别名：** 虾仁、虾子
- **性味：** 性温，味甘
- **营养成分：** 蛋白质、虾红素、牛磺酸、甲壳素、氨基酸、维生素A、维生素B_1、维生素B_2、维生素C、维生素E、钙、铁、磷、钾、镁、锌、硒、碘

○ **适用者：** 普通人　✗ **不适用者：** 过敏体质、尿酸偏高者，痛风患者

虾为什么能提升免疫力？

1 虾含有虾红素，其抗自由基的效果尤其明显，能抑制自由基对人体的伤害，防止细胞膜上的多不饱和脂肪酸氧化，抑制肿瘤细胞增生，降低肿瘤发生率。

2 虾含有丰富的牛磺酸，能帮助营养物质代谢，间接维持和改善人体的免疫功能，对儿童、青少年的生长发育以及免疫功能的维护，具有重要的作用。

虾主要营养成分

1 虾富含蛋白质、氨基酸、脂肪、虾红素、牛磺酸、甲壳素、叶酸、泛酸、维生素A、维生素B_1、维生素B_2、维生素C、维生素E等营养成分。

2 虾还含有钙、铁、磷、钾、锌、铜、锰、镁、硒、碘等矿物质。

虾食疗效果

1 虾的锌含量相当高，有助于促进男性激素分泌，增强精子制造能力。男性多吃，具有壮阳的效果。

2 虾含有丰富的蛋白质、人体必需氨基酸，有助于身体各个器官组织的形成和功能维持，能促进肌肉、骨骼、皮肤生长，并能辅助酶、激素的转换和充分利用。

3 虾含有丰富的镁，能调节心率、保护心血管系统、防治动脉硬化；同时能扩张冠状动脉，有利于预防高血压、心脏病等疾病。

虾选购和食用方法

1 新鲜的虾，虾头、虾尾和壳应完整、紧密，虾呈半透明色，虾肉紧实有弹性，虾身清爽不黏滑。

2 虾背上的肠泥是虾的排泄物，应去掉再烹调。

虾饮食宜忌

1 虾为某些人的过敏源，容易皮肤过敏者，鼻炎、支气管炎、异位性皮肤炎患者，不宜吃太多。

2 虾嘌呤含量高，尿酸偏高、痛风患者不宜多吃。

黄瓜嫩笋拌虾仁

保护细胞＋防皮肤癌

材料：

虾仁100克，小黄瓜70克，竹笋30克，葱1/2根，姜1片

调味料：

橄榄油2小匙，酱油、米酒各1小匙，水淀粉1/2小匙

做法：

1. 所有材料洗净；小黄瓜、竹笋切块；虾仁去肠泥；葱、姜切末。
2. 热油锅，爆香葱末、姜末，放入虾仁、竹笋块和小黄瓜块，翻炒至熟。
3. 最后加米酒、酱油、水淀粉拌匀即可。

提升免疫功效

虾仁中的虾红素具有抗氧化作用，能缓解自由基对细胞的伤害，并减少紫外线对组织的伤害，提升人体免疫功能，降低皮肤癌的罹患率。

提升免疫功效

发菜含有多种营养成分；虾仁中的维生素A和硒具有强大的抗氧化作用，能阻止自由基的侵害，防止身体老化。

发菜虾仁粥

补充营养＋防止老化

材料：

白米135克，虾仁100克，发菜20克，葱1根

调味料：

盐1/2小匙，胡椒粉1/4小匙

做法：

1. 发菜泡水，洗净，沥干；虾仁洗净，去肠泥；葱洗净，切末。
2. 白米洗净，泡30分钟，放入锅中，加水，大火煮沸后转小火，熬成粥。
3. 加入虾仁续煮5分钟后，加上发菜、盐和胡椒粉调味，最后撒上葱末即可。

甘草椒盐虾

抗菌＋消炎止咳

材料：

沙虾400克，甘草、小辣椒各30克，大蒜片1大匙

调味料：

橄榄油3小匙，米酒1大匙，盐1/2小匙，玉米粉、胡椒粉各1小匙，甘草粉20克

做法：

1. 沙虾洗净、去除肠泥，和切碎的甘草一起以热油炸至香脆后捞起，沥干油分。
2. 小辣椒洗净，去蒂去籽，切片。
3. 油锅中放入小辣椒片、大蒜片、甘草粉、炸好的沙虾；和玉米粉、胡椒粉、盐翻炒一下，再淋上米酒快速翻炒即可。

提升免疫功效

甘草丰富的蛋白质可增强抗菌力；搭配沙虾，能舒缓胃及十二指肠溃疡的症状，并能改善咳嗽、支气管发炎等症状。

焗烤南瓜虾

清除自由基＋提升免疫力

材料：

南瓜100克，明虾4只

调味料：

蛋黄酱2大匙，奶粉120克，柠檬1个

做法：

1. 明虾剪去脚和须，洗净后对半剖开；南瓜及柠檬洗净，切片。
2. 将奶粉和蛋黄酱调匀，均匀涂在明虾和南瓜上。
3. 明虾和南瓜放入烤盘，移入已预热的烤箱中，以190℃烤12～15分钟；取出后，挤上柠檬汁即可。

提升免疫功效

明虾含有强大抗氧化作用的虾红素，可清除体内自由基，增强人体免疫力、预防疾病；南瓜富含维生素A、维生素C、维生素E，亦能提升人体免疫力。

提示 调节免疫系统，预防细胞病变和感染

海参

提升免疫有效成分

黏液多糖体、海参皂苷、氨基酸

食疗功效

养血润燥
润滑关节

- **别名：** 沙粪、刺参
- **性味：** 性温，味甘
- **营养成分：** 蛋白质、氨基酸、糖类、牛磺酸、烟酸、钙、铁、磷、钾、锌、碘、维生素B_1、维生素B_2、海参皂苷、黏液多糖体、胶质

○ **适用者：** 中老年人，肥胖症、心血管疾病患者　✗ **不适用者：** 无

海参为什么能提升免疫力？

1 海参含有丰富的蛋白质、氨基酸，可以滋补身体、延缓衰老，促进人体细胞的再生和修复，还能提高人体免疫功能，增强体质。

2 海参含有黏液多糖体、海参皂苷、牛磺酸等活性成分，能调节人体免疫功能，预防疾病感染、细胞病变的发生，并且能改善因使用药物引起的免疫功能低下等问题。

海参主要营养成分

1 海参含有蛋白质、氨基酸、糖类、牛磺酸、海参皂苷、黏液多糖体、胶质等营养成分。

2 海参还含有钙、铁、磷、钾、锌、碘等矿物质。

海参食疗效果

1 海参含有维生素B_1、维生素B_2，能帮助分解蛋白质和脂肪，并维护神经系统的稳定，调节抑郁和烦躁的心情。

2 海参中的矿物质含量相当高，有助于提高男女的性功能。

3 中医认为，海参具有补肾益精、壮阳疗萎的作用。凡眩晕耳鸣、腰酸乏力、梦遗滑精、四肢无力的患者，都可将海参作为滋补食疗之品。

4 海参富含胶原蛋白，可改善肌肤的弹性；并能增加中老年人日渐缺少的关节润滑液，减缓骨骼磨损和老化的速度。

海参选购和保存方法

1 海参肉质软滑鲜嫩，富有弹性，选购海参时，以体大、肉厚、无泥沙者为上品。

2 泡发好的海参可马上烹煮；如不马上食用，应存放在冰箱冷冻层，保存期限可达1个月。

海参饮食宜忌

1 海参富含胶原蛋白和矿物质，关节老化的中老年人、骨刺增生和骨折患者都很适合多吃。

2 海参不含脂肪却营养丰富，适合肥胖症和心血管疾病患者多吃。

牛筋烩海参

稳定血压＋增强免疫力

材料：

海参块100克，牛筋条80克，上海青30克，葱1根

调味料：

橄榄油2小匙，水淀粉1大匙，蚝油、香油、米酒、西红柿酱、白糖各1小匙

做法：

1. 葱洗净，切段；海参块和上海青洗净，入水烫熟。
2. 热油锅，炒香葱段，加入蚝油、香油、米酒、西红柿酱、白糖略炒，再放入牛筋和水，以小火烩煮1小时。
3. 加入海参块炒3分钟，再以水淀粉勾芡，盛盘后放上上海青即可。

提升免疫功效

海参含特殊多糖分子，能消炎消肿、抗凝血，对降低血液黏稠度、预防动脉硬化、降低血清胆固醇、增强免疫力颇有效果。

竹笋烩海参

抗肿瘤＋维持骨骼弹性

材料：

海参200克，竹笋丝50克，干黑木耳10克，枸杞子5克，葱1根，老姜3片，高汤3大匙

调味料：

香油1大匙，米酒、水淀粉各1小匙，蚝油1/2小匙，盐1/4小匙

做法：

1. 所有材料洗净；海参切长条，以沸水汆烫后捞出；干黑木耳用水泡软，切片；葱切段。
2. 锅中倒入香油烧热，爆香葱段和姜片，加入海参条、竹笋丝、黑木耳片和枸杞子翻炒。
3. 倒入高汤、米酒、蚝油、盐，烩煮10分钟，最后加入水淀粉勾芡即可。

提升免疫功效

海参中的黏液多糖可有效增强人体免疫力，在体内和有机盐结合，还可维持骨质和软骨的弹性，对骨骼疾病患者有益。

含甲壳素，可防细胞老化，易过敏者应少吃

螃蟹

提升免疫有效成分

甲壳素、蛋白质、氨基酸

食疗功效

强化骨骼
增强性功能

- **别名：** 蟹、无肠公子
- **性味：** 性寒，味甘
- **营养成分：** 蛋白质、氨基酸、糖类、维生素A、B族维生素、甲壳素、牛磺酸、钙、铁、磷、碘、镁、锌、铜、锰

○适用者： 普通人、男性　**✗不适用者：** 高脂血症患者、皮肤容易过敏者、高血压患者、罹患心脏病的人

螃蟹为什么能提升免疫力？

1 螃蟹的壳含有甲壳素，是一种水溶性且不会被人体吸收的低分子聚合物，可帮助小肠内有益菌生长，达到清洁大肠、防治便秘、提升人体免疫力的功效。

2 螃蟹中的甲壳素，具有强化免疫细胞的作用；并有助于降低细胞病变概率，防止细胞老化；还可保护肝脏、抑制肿瘤发生，具有提高人体免疫力的作用。

螃蟹主要营养成分

螃蟹含有蛋白质、氨基酸、糖类、甲壳素、牛磺酸、维生素A、B族维生素、钙、铁、磷、钾、碘、镁、锌、铜、锰等营养成分。

螃蟹食疗效果

1 中医认为，螃蟹有清热解毒、养筋活血、通经络、利肢节的功效，常用于跌打损伤、瘀血肿痛、伤筋断骨的治疗。

2 螃蟹含有丰富的钙，可以强化骨骼和牙齿，对于发育中的青少年很有帮助，还能改善骨质疏松症。

3 螃蟹含大量锌，男性吃螃蟹，可增进性功能和生殖能力。

4 螃蟹的维生素B_{12}含量非常丰富，铁质含量也不低，很适合贫血、脸色苍白者食用。

螃蟹选购、保存和食用方法

1 购买螃蟹时，一定要选择活螃蟹，唯有这样，才能确保食材新鲜度。

2 买回来的螃蟹最好立即烹煮，或放置于−15℃的冷冻柜中。因蟹肉腐坏得很快，吃了不新鲜的蟹，容易造成食物中毒。

3 螃蟹性质较寒，体质虚寒者想吃螃蟹，烹煮时可用一些温性的辛香料、调味料，以平衡螃蟹的寒性；或在品尝螃蟹后，来一碗热姜茶或温酒。

螃蟹饮食宜忌

1 螃蟹属于高胆固醇的食物，蟹膏和蟹黄含有非常高的胆固醇，罹患心脏病、高血压、高脂血症的人应尽量避免食用。

2 螃蟹为易过敏源，过敏体质的人，或患有荨麻疹、慢性气管炎、哮喘的人，都应少吃螃蟹。

香葱蟹

防细胞老化+强化免疫力

材料：

螃蟹2只，姜3片，葱2根，大蒜6瓣

调味料：

橄榄油1小匙，酱油、米酒各1大匙

做法：

1. 所有材料洗净；大蒜切末；葱切段。
2. 热油锅，爆香姜片和大蒜末，加螃蟹翻炒，倒入米酒和水，加盖焖煮至蟹熟。
3. 最后加葱段和酱油，翻炒均匀即可。

提升免疫功效

螃蟹的甲壳素可强化免疫细胞，有助于降低细胞癌变率；还可提高人体免疫力，防止细胞老化，保护肝脏。

蟹肉烩萝卜

助有益菌生长+强健肠道

材料：

胡萝卜300克，大蒜末10克，蟹腿肉200克，葱1根

调味料：

橄榄油、米酒各1大匙，水淀粉、淀粉各1小匙，盐少许

做法：

1. 胡萝卜洗净，去皮切条；蟹腿肉以米酒、淀粉、盐腌渍10分钟后汆烫；葱洗净，切段。
2. 热油锅，爆香大蒜末，加入胡萝卜条翻炒，加水没过材料，盖上锅盖烩软胡萝卜条。
3. 放入蟹腿肉、盐，再以水淀粉勾芡即可。

提升免疫功效

螃蟹壳所含甲壳素，是一种水溶性膳食纤维，可帮助小肠内有益菌生长，防止有毒物质伤害肠道，全面提升肠道免疫系统的功能。

含丰富的牛磺酸，协助肝脏代谢脂肪，预防脂肪肝

鱿鱼

提升免疫有效成分

牛磺酸、硒、不饱和脂肪酸

食疗功效

保护肝脏
养血通经

- **别名：** 枪乌贼、柔鱼
- **性味：** 性平，味咸
- **营养成分：** 蛋白质、脂肪、氨基酸、糖类、牛磺酸、DHA、维生素A、维生素E、钙、铁、磷、钾、碘、镁、锌、铜、锰、硒

○ **适用者：** 普通人　✗ **不适用者：** 高脂血症、痛风患者、动脉硬化患者、尿酸高者、过敏体质者

鱿鱼为什么能提升免疫力？

1 鱿鱼含优质蛋白质，能抗老化、消除疲劳；且富含钙、磷、铁等矿物质，能帮助骨骼发育、增强造血功能，可改善贫血，增强体力和抵抗力。

2 鱿鱼不仅口感鲜美，还含有抗癌矿物质——硒，可强化免疫系统功能，有助于抑制肿瘤生成，减少细胞病变，还能保护肝脏。

鱿鱼主要营养成分

1 鱿鱼含有蛋白质、脂肪、氨基酸、糖类、牛磺酸、维生素A、维生素E、烟酸等营养成分。

2 鱿鱼还含有钙、铁、磷、钾、碘、镁、锌、铜、锰、硒等矿物质。

鱿鱼食疗效果

1 鱿鱼能养肝补血。中医古籍中记载，鱿鱼具有养血、通经、安胎、利产、止血、催乳的功效，常用于治疗妇女经期不顺，是改善妇女贫血、血虚、闭经的好食材。

2 鱿鱼含有大量牛磺酸，是重要的消脂物质，可以协助肝脏代谢脂肪，预防脂肪肝的发生。

3 鱿鱼脂肪含有大量的多不饱和脂肪酸，可维持细胞膜、血管的弹性，并具有改善抑郁情绪的功效。

鱿鱼选购和食用方法

1 购买优质鱿鱼干时，应选择体形完整坚实，表面光泽呈粉红色，且略带白霜、肉质肥厚、半透明、有弹性者。

2 鱿鱼适合烤、煮、炸、炖，或制作成加工食品，如鱿鱼片、鱿鱼丝，皆为美味零食。

鱿鱼饮食宜忌

1 鱿鱼属于高胆固醇的食物，高脂血症、动脉硬化的患者建议少量食用。

2 鱿鱼嘌呤含量高，尿酸高和痛风患者宜少吃。

3 对海鲜过敏、过敏体质的人，应少吃鱿鱼。

五味鱿鱼

强化免疫细胞＋保护肝脏

材料：

鱿鱼200克，辣椒1/2个，大蒜5瓣，葱2根，姜2片

调味料：

橄榄油、白糖、陈醋、白醋各1小匙，西红柿酱4小匙，米酒1/2小匙

做法：

1. 鱿鱼洗净、切花，用沸水汆烫至卷起后捞出，盛盘。
2. 大蒜、姜片、葱、辣椒均洗净切末，和陈醋、白糖、西红柿酱调匀成酱汁。
3. 热油锅，加入调好的酱汁、白醋、米酒炒匀，淋在鱿鱼上即可。

提升免疫功效

鱿鱼含强力抗癌物质——硒，能强化免疫细胞，有助于抑制肿瘤生成，减少细胞病变，还可维护肝脏健康。

宫保鱿鱼

防血管硬化＋抗癌

材料：

水发鱿鱼150克，花生仁、干辣椒各10克，姜1片，大蒜2瓣

调味料：

橄榄油、酱油各1小匙，白糖、香油、醋、米酒各1/5小匙

做法：

1. 所有材料洗净；干辣椒去籽切段；大蒜切末；鱿鱼划交叉刀纹，切块，用沸水汆烫捞出。
2. 热油锅，爆香干辣椒、大蒜末、姜片，加鱿鱼块翻炒。
3. 加米酒、白糖、香油、醋和酱油，炒至汤汁收干，最后加花生仁炒香即可。

提升免疫功效

鱿鱼富含不饱和脂肪酸，可提高免疫系统抗癌的能力；牛磺酸能减少血管壁的胆固醇，有效预防血管硬化，还可预防胆结石。

提示 含多不饱和脂肪酸，维持体内免疫系统平衡

金枪鱼

提升免疫有效成分

蛋白质、牛磺酸、不饱和脂肪酸

食疗功效

增强智力
养血护肝

● **别名：** 鲔鱼、吞拿鱼

● **性味：** 性平，味甘

● **营养成分：**
蛋白质、脂肪、糖类、氨基酸、牛磺酸、EPA、DHA、维生素A、维生素B_1、维生素B_2、维生素E、钙、铁、磷、钾、碘、镁、锌、铜、锰、硒

○ **适用者：** 普通人、年长者、学龄儿童　✗ **不适用者：** 孕妇、哺乳妇女

金枪鱼为什么能提升免疫力？

1 金枪鱼含有优质的蛋白质和氨基酸，能抗老化、消除疲劳；且金枪鱼中的维生素E和硒互相配合，可增强免疫细胞功能，加强人体免疫力。

2 金枪鱼中的牛磺酸含量远高于其他肉类，有助消除威胁健康的血脂，可调节内分泌系统，抗病毒，提升人体免疫力。

金枪鱼主要营养成分

1 金枪鱼中含有蛋白质、脂肪、糖类、氨基酸、牛磺酸、不饱和脂肪酸、维生素A、维生素B_1、维生素B_2、维生素E、烟酸等营养成分。

2 金枪鱼还含有钙、铁、磷、钾、碘、镁、锌、铜、锰、硒等矿物质。

金枪鱼食疗效果

1 金枪鱼的维生素E含量相当高，具有抗氧化之功效，能保护心脏功能，预防皮肤干燥老化，并加速人体新陈代谢。

2 金枪鱼富含牛磺酸，可减少血液中坏胆固醇、中性脂肪的含量；并可防止动脉硬化，还能促进胰岛素分泌，有稳定血糖、强化肝功能的疗效。

3 金枪鱼含丰富的铁和维生素B_{12}，有助于维持人体造血功能正常；并具有补血养肝、防治贫血的效果。

4 金枪鱼脂肪可帮助预防阿尔茨海默病，并提升学龄儿童的学习能力和记忆力。

5 金枪鱼所含的钾和氨基酸，能去除体内多余的盐分和水分，避免脸部和四肢水肿，帮助维持身体电解质的平衡。

6 金枪鱼含有钙、铁、磷、镁、锌等矿物质。常吃金枪鱼可强健骨骼、脊椎和关节；且有养气补肾的功效，适合产后或体质虚弱者食用。

7 金枪鱼含丰富的ω-3多不饱和脂肪酸，可维持体内激素、免疫系统的平衡，保持控制情绪的血清素、褪黑激素的浓度，有助于维持脑细胞健康；还能改善抑郁症、失眠症、精神官能症，以及注意力不集中的症状。

金枪鱼食用和保存方法

1. 金枪鱼吃法包括生鱼片、清蒸、香烤、凉拌、铁板、三杯等烹调方式；但最常被做成生鱼片或制成寿司；或加工制成罐头、三明治、沙拉等食品。
2. 金枪鱼必须以0℃冷藏，以保持最佳口感和新鲜度。
3. 买回来的冷冻金枪鱼肉，宜放入塑料密封袋或垫着纸巾的保鲜盒里，再放入冷藏层缓慢解冻。

金枪鱼饮食宜忌

1. 金枪鱼含有牛磺酸，可降低胆固醇，罹患高脂血症、动脉硬化的人，建议多食用金枪鱼。
2. 金枪鱼能帮助脑部发育，儿童、青少年适合多吃。
3. 怀孕或哺乳的妇女应减少金枪鱼摄取量，因金枪鱼体内含汞，吃太多容易影响胎儿发育。

蛋皮金枪鱼寿司

提高免疫力＋消除疲劳

材料：

全麦吐司2片，米饭1碗，海苔1张，胡萝卜40克，小黄瓜、金枪鱼各30克，蛋液50毫升

调味料：

橄榄油1小匙

做法：

❶ 胡萝卜去皮洗净、小黄瓜洗净，均切条。

❷ 吐司压扁，依序铺上金枪鱼、海苔、米饭、小黄瓜条、胡萝卜条后卷起，最后以少许白米粒封口。

❸ 将做法❷中的食物外层蘸上蛋液。

❹ 热油锅，以中小火将蘸有蛋液的食材煎熟，最后切片即可。

提升免疫功效

全麦吐司中的B族维生素，能消除疲劳，提振精神。金枪鱼富含维生素A、维生素B_6和维生素E，可提高免疫力；硒能防止动脉硬化、抗衰老。

香酥金枪鱼块

增强免疫力＋抗老防衰

材料：

圆白菜150克，金枪鱼100克，胡萝卜30克

调味料：

橄榄油2小匙，盐1小匙，胡椒少许

做法：

1. 金枪鱼切块（亦可用金枪鱼罐头）；圆白菜洗净，切成细条状；胡萝卜洗净，切丝备用。
2. 热油锅，加入胡萝卜丝、圆白菜条拌炒，再加金枪鱼块翻炒。
3. 最后加盐、胡椒调味即可。

提升免疫功效

金枪鱼可活化脑细胞，提高免疫力，有抗衰老、抗癌的功效；圆白菜能抑制肺部、乳腺等部位癌细胞的形成。

提升免疫功效

金枪鱼富含不饱和脂肪酸EPA、DHA，可增强免疫系统功能；洋葱中的槲皮素和山柰酚，可降低大肠癌的发生率。

红茄金枪鱼炒蛋

预防肠癌＋强化免疫系统

材料：

罐头金枪鱼100克，洋葱50克 ,西红柿、鸡蛋各2个

调味料：

橄榄油2小匙，盐适量

做法：

1. 洋葱洗净后，切小丁；西红柿洗净，切丁备用。
2. 鸡蛋打入大碗中，和洋葱丁、金枪鱼、西红柿丁和盐搅拌均匀。
3. 热油锅，用中小火将做法❷的食材炒至蛋液收干即可。

提示 改善营养不良，维持造血功能正常

乌鱼

提升免疫有效成分

B族维生素、氨基酸、蛋白质

食疗功效

养血益肝 清热止血

- **别名：**乌鳢、鳢鱼
- **性味：**性平，味甘
- **营养成分：**蛋白质、脂肪、氨基酸、卵磷脂、维生素A、B族维生素、维生素E、钙、铁、磷、钾、碘、镁、锌、铜、锰、硒

○ **适用者：**普通人 ✗ **不适用者：**无

乌鱼为什么能提升免疫力?

1 中医认为，乌鱼有健脾益气、消食导滞的功能，对消化不良、体弱脾虚、增强人体免疫力有一定功效。

2 乌鱼含有丰富的蛋白质和维生素A、B族维生素、维生素E等营养成分，可改善身体虚弱、营养不良；常吃可调节体质，增强抵抗力。

3 乌鱼中的维生素B_{12}含量很高；且含微量的铁、钴、砷等矿物质，有助造血功能正常，具养肝、治疗贫血的功效。

4 乌鱼含丰富的钾离子，可防治低钾血症，增强肌力，对于平衡体液、降血压亦有助益。

乌鱼主要营养成分

乌鱼含有蛋白质、脂肪、氨基酸、卵磷脂、维生素A、B族维生素、维生素E、钙、铁、磷、钾、碘、镁、锌、铜、锰、硒等营养成分。

乌鱼食疗效果

1 乌鱼含优质蛋白质和氨基酸。产后妇女食用乌鱼，不仅能帮助产后伤口愈合，还能促进乳汁分泌。

2 乌鱼所含的钙，是构成身体骨骼、牙齿的重要成分。乌鱼还可以帮助血液凝固、维持心脏正常收缩，并能改善失眠症状。

乌鱼食用方法

1 乌鱼肉质清淡，可在煎煮后，选择添加葱、姜、大蒜、白糖、醋、豆豉、酒、中药材等佐料，以增添其风味。

2 乌鱼子在烹调前先用米酒涂抹，再静置1～2分钟，让米酒渗透至乌鱼子内部。如此不仅可以去除腥味，亦可增加乌鱼子的风味。

乌鱼饮食宜忌

1 乌鱼子属于高胆固醇食物，100克乌鱼子中，胆固醇含量就有600多毫克，建议高脂血症患者要少吃。

2 乌鱼富含蛋白质，且肉质较软嫩，容易为人体吸收，非常适合咀嚼功能较差的老人和幼儿食用。

预防脑部老化、骨质疏松，防治免疫系统疾病

三文鱼

提升免疫有效成分

维生素E、蛋白质、ω-3脂肪酸

食疗功效

增强脑力
降低胆固醇

- **别名：** 鲑鱼
- **性味：** 性平，味咸
- **营养成分：** 蛋白质、脂肪、ω-3脂肪酸、氨基酸、卵磷脂、维生素A、维生素B_6、维生素B_{12}、维生素D、维生素E、钙、铁、磷

○ **适用者：** 普通人、学龄儿童、更年期妇女　✗ **不适用者：** 无

三文鱼为什么能提升免疫力？

1 三文鱼含丰富的ω-3脂肪酸，有帮助保持血管弹性、降低血压、稳定心跳等诸多作用。

2 三文鱼中所含的ω-3脂肪酸，还具有抗炎的功效，有助缓解免疫系统疾病，如红斑狼疮、风湿性关节炎、强直性脊柱炎。

3 三文鱼富含维生素E，能稳定心脏功能，还具有促进血液循环、抗氧化的作用；并能延缓衰老和预防癌症。

三文鱼主要营养成分

1 三文鱼含有蛋白质、脂肪、氨基酸、卵磷脂、维生素A、维生素B_6、维生素B_{12}、维生素D、维生素E等营养成分。

2 三文鱼还含有钙、铁、磷、钾、碘、镁、锌、铜、锰、硒等矿物质。

三文鱼食疗效果

1 三文鱼富含蛋白质和人体必需多种氨基酸，有助于青少年成长发育，并可维持肌肤弹性。

2 三文鱼含有较多的维生素D、钙、磷、铁等，可维持心脏正常收缩，也具有增强骨质作用，有助于预防更年期妇女和年长者的骨质疏松症。

3 三文鱼的脂肪含有极丰富的多元不饱和脂肪酸，可帮助脑部发育、维护视力健康、预防脑部老化；同时有助于降低血清中甘油三酯、胆固醇的浓度。

三文鱼选购、保存和食用方法

1 买回的三文鱼若不马上吃，可洗净沥干，放入保鲜袋，再放进冷冻室保存。购买时，要挑选色泽橘红有光泽、肉质有弹性的三文鱼为佳。

2 三文鱼适合煮、烤、蒸、红烧、油炸、干煎，或做成生鱼片，鱼骨则可以熬汤。

三文鱼饮食宜忌

1 三文鱼对于脑部发育很有帮助，适合学龄儿童和用脑过度的人食用。

2 三文鱼富含蛋白质，容易腐败变质；误食腐败的鱼肉，可能会引起食物中毒现象。

豆腐蒸三文鱼

2 人份

产生抗体＋抗过敏

材料：

三文鱼200克，豆腐100克，葱1根，姜少许

调味料：

盐1/3小匙

做法：

❶ 所有材料洗净；豆腐切好，摆放于盘中。

❷ 三文鱼剔除鱼骨、鱼刺后，斜切约1厘米厚片状，排列于豆腐上。

❸ 葱和姜都切成细丝，和盐一起撒在鱼片上。

❹ 蒸锅内加500毫升水煮沸后，再放入摆好盘的豆腐三文鱼，用大火蒸煮至熟即可。

提升免疫功效

三文鱼富含优质蛋白质，可保护心、肝、肾，还能增强皮肤抗过敏的能力，维持良好的神经传导；豆腐可产生抗体，促进脑部发育。

时蔬三文鱼寿司

增强免疫力＋抗氧化

材料：

胚芽米100克，水煮三文鱼50克，玉米粒40克，熟核桃仁碎10克，海苔1张，小黄瓜条、胡萝卜条、笋条各30克

调味料：

寿司醋1杯

做法：

❶ 蒸熟胚芽米，将寿司醋慢慢淋入饭中拌匀，用电风扇吹凉。

❷ 取一些拌有寿司醋的胚芽米饭平铺于海苔上，铺上保鲜膜后翻面；再铺上一些胚芽米饭；最后将剩余材料摆上后卷起，切段即可。

提升免疫功效

三文鱼含有丰富的蛋白质、硒、B族维生素，是增强身体免疫力的优质食物。核桃仁的热量极高，必须注意食用量。

提示 减轻过敏现象，可延缓老化，预防疾病

鲭鱼

提升免疫有效成分

维生素E、蛋白质、ω-3脂肪酸

食疗功效

保护眼睛
预防血栓

● **别名：** 花飞鱼、青花鱼

● **性味：** 性平，味甘、咸

● **营养成分：**
蛋白质、脂肪、氨基酸、EPA、DHA、维生素A、B族维生素、维生素D、维生素E、钙、铁、磷、钾、碘、镁、锌、硒

○ **适用者：** 心脏病、高血压、动脉硬化患者　✗ **不适用者：** 无

鲭鱼为什么能提升免疫力?

1 鲭鱼含ω-3脂肪酸，有助于增强心血管功能，且能减轻身体发炎的现象，增强人体免疫力。

2 鲭鱼含有矿物质锌。锌和免疫细胞（T细胞）的生成有关，具有促进伤口愈合、预防癌症、抗老化、提升免疫力的作用。

3 鲭鱼含有丰富的维生素A，可促进生长、保护眼睛、维持皮肤黏膜组织功能正常；同时具有抗氧化之功效，能延缓老化或预防疾病的发生。

鲭鱼主要营养成分

1 鲭鱼含有蛋白质、脂肪、ω-3脂肪酸、氨基酸、烟酸等营养成分。

2 鲭鱼还含有维生素A、维生素B_1、维生素B_2、维生素B_6、维生素B_{12}、维生素D、维生素E、钙、铁、磷、钾、碘、镁、锌、硒等营养成分。

鲭鱼食疗效果

1 鲭鱼富含铁、钙、磷、B族维生素，具有改善贫血的功效，女性常吃可以补血。

2 鲭鱼含有丰富的不饱和脂肪酸DHA、EPA，能帮助血管扩张，防止血栓形成，具有降低胆固醇、降低血压、预防心血管疾病等功能，有助于降低脑卒中的发病率，还能减轻过敏现象。

3 鲭鱼是一种非常优质的蛋白质来源，能提供青少年和儿童的发育需求；且鲭鱼含有大量的钙质，对于骨质疏松症也有良好的预防效果。

鲭鱼选购和食用方法

1 鲭鱼蛋白质含量高，容易腐败，以致产生组胺，引起食物中毒。购买时，选择眼睛明亮，背部呈青绿色，并有鲜明光泽斑纹、肉质具弹性者才新鲜。

2 鲭鱼具有特殊的腥味，不宜生食，较适合盐烤、香炸、焗烤、油煎等烹调方式。此外，鲭鱼还常被制成罐头食用。

鲭鱼饮食宜忌

罹患高血压、动脉硬化、高脂血症的患者，建议多吃含有ω-3脂肪酸的鲭鱼，以清除体内的血脂和甘油三酯。

鲭鱼辣炒莴苣

稳定血压+提高免疫力

材料：

新鲜鲭鱼100克，莴苣50克，玉米粒、辣椒各20克

调味料：

橄榄油1小匙，盐1/4小匙

做法：

1. 所有材料洗净；鲭鱼、莴苣切条，辣椒切片。
2. 热油锅，爆香辣椒片。
3. 加入鲭鱼条、莴苣条、玉米粒翻炒。
4. 起锅前，加盐略炒即可。

提升免疫功效

鲭鱼富含鱼油，能松弛血管平滑肌，稳定血压；莴苣含维生素B_1、维生素B_2、维生素C和微量元素，可提高免疫力，抑制自由基对人体的伤害。

提升免疫功效

鲭鱼含丰富的ω-3脂肪酸，能增强免疫力，对抗流感病毒；还可降低胆固醇、甘油三酯和血压。

盐烤鲭鱼

对抗流感+降胆固醇

材料：

鲭鱼1条（约375克），姜4片

调味料：

酱油3大匙，白糖1大匙，柠檬汁5毫升

做法：

1. 将鲭鱼先去头尾、内脏和中骨，剖下鱼肉，洗净。
2. 酱油和白糖拌匀成腌汁，放入鲭鱼片、姜片腌渍20分钟。
3. 将鲭鱼放入450℃的烤箱中，烤20分钟左右即可。
4. 食用前挤数滴柠檬汁，可增添风味。

提示 增加淋巴细胞数量，维持大脑正常功能

带鱼

提升免疫有效成分

蛋白质、镁、锌、硒

食疗功效

帮助骨骼发育
预防动脉硬化

- **别名：**油带、刀鱼
- **性味：**性平，味甘、咸
- **营养成分：**

蛋白质、脂肪、不饱和脂肪酸、多种氨基酸、维生素A、B族维生素、维生素D、钙、铁、磷、钾、钠、镁、锌、铜、锰、硒

○ **适用者：**普通人　✗ **不适用者：**尿酸高、痛风患者、湿疹患者、皮肤炎、皮肤易过敏者

带鱼为什么能提升免疫力?

1 带鱼含有优质蛋白质，能促进人体合成抗体，并加强代谢功能，可增加淋巴细胞数量，维持免疫功能的运作，使人体维持健康。

2 带鱼含有和免疫功能有关的镁、锌、铜、锰、硒等矿物质，能增强白细胞吞噬病毒的能力；亦可提高人体血液中干扰素的含量，进而增强抵抗力。

带鱼主要营养成分

带鱼含有蛋白质、脂肪、不饱和脂肪酸、多种氨基酸、维生素A、维生素B_1、维生素B_2、维生素B_6、维生素D、钙、铁、磷、钾、钠、镁、锌、铜、锰、硒等营养成分。

带鱼食疗效果

1 带鱼含有镁，能维持肌肉和神经功能正常运转，帮助骨骼发育，提高人体新陈代谢，并镇定神经、帮助入眠。

2 带鱼富含维生素D，可促进钙质吸收，预防佝偻病。

3 带鱼有助于维持神经系统和大脑功能的正常运作，并可消除疲劳和精神压力。

4 带鱼油脂丰富，并含有多种不饱和脂肪酸，具有降低血脂、预防动脉硬化、防止脑出血的作用，常吃还有助于头发生长、肌肤光滑。

带鱼食用方法

1 带鱼内脏大多有寄生虫，不宜生食，最好的烹调方式是干煎、红烧、盐烤或煮汤。

2 带鱼肉质细腻，鱼刺很大、易清除；除去鱼刺后，很适合老人、幼儿食用，方便又营养。

带鱼饮食宜忌

1 带鱼的嘌呤含量非常高，尿酸高或痛风患者最好少吃。

2 带鱼属于易过敏源，湿疹、皮肤炎、皮肤容易过敏者不适合多吃，以免引起不适。

香煎带鱼

对抗发炎＋增加淋巴细胞

材料：

带鱼块240克，低筋面粉适量

调味料：

橄榄油2小匙，盐1/2小匙，胡椒粉适量

做法：

1. 带鱼块洗净，表面划花刀，撒满盐、胡椒粉，静置10分钟。
2. 用纸巾吸收鱼身水分后，将鱼身包裹一层薄薄的低筋面粉。
3. 热油锅，以中火将带鱼块煎熟即可。

提升免疫功效

带鱼富含ω-3脂肪酸，其抗炎的特性，可缓解并减轻免疫系统疾病的症状，例如红斑狼疮、类风湿性关节炎等。

香柠青葱烩带鱼

增强免疫力＋预防癌症

材料：

带鱼200克，葱1根，姜4片

调味料：

橄榄油2小匙，盐、酱油、柠檬汁各1小匙

做法：

1. 所有材料洗净；带鱼切块，用刀在鱼身划数刀，用盐腌渍5分钟；葱切段。
2. 热油锅，放入带鱼块煎熟，取出备用。
3. 余油爆香葱段和姜片，加入带鱼块、酱油和柠檬汁，煮沸后转小火，烩煮5分钟即可。

提升免疫功效

带鱼所含的ω-3脂肪酸，是人体必需的营养成分之一，能强化免疫功能，预防癌症；但嘌呤含量较高，需特别注意。

提示 安胎养身，帮助伤口愈合

鲈鱼

提升免疫有效成分

蛋白质、牛磺酸、硒

食疗功效

补血安胎 促进伤口愈合

● **别名：** 花鲈、寨花

● **性味：** 性平，味甘

● **营养成分：**

蛋白质、脂肪、不饱和脂肪酸、氨基酸、牛磺酸、维生素A、B族维生素、维生素D、钙、铁、磷、钾、钠、镁、锌、铜、硒

○ **适用者：** 普通人、孕妇、儿童　✗ **不适用者：** 对鱼肉过敏者、疮肿发作期

鲈鱼为什么能提升免疫力？

1 鲈鱼含丰富的优质蛋白质，和黄芪、枸杞子等中药材一同炖煮，可增强人体免疫力，并促进病后虚弱体质者的复原。

2 鲈鱼含维生素A，有助于增加人体对疾病的抵抗力，可预防感冒和癌症；鲈鱼还含有牛磺酸，能降低血压、血糖和血脂，具有延年益寿的功效。

3 鲈鱼含铜，可加速能量代谢，有助维持神经系统的正常运作。

4 鲈鱼所含的牛磺酸，是一种游离的含硫氨基酸，具有调节体内水分、降低胆固醇、降低血糖、降低血脂，以及消除疲劳、明目的作用。

鲈鱼主要营养成分

1 鲈鱼含有蛋白质、脂肪、不饱和脂肪酸、氨基酸、牛磺酸、维生素A、B族维生素、维生素D等营养成分。

2 鲈鱼亦含钙、铁、磷、钾、钠、镁、锌、铜、硒等矿物质。

鲈鱼食疗效果

1 鲈鱼中的蛋白质可促进产妇分泌乳汁，对剖腹产手术后的伤口愈合有帮助。不论是怀孕期间或产后坐月子的妇女，都很适合吃鲈鱼补身。

2 鲈鱼富含蛋白质、维生素和矿物质，具有益脾胃、化痰止咳的功效；对肝肾虚弱的人也有很好的补益作用。

鲈鱼食用方法

1 鲈鱼肉呈白色，刺少，肉质爽滑，没有腥味，最好的烹调方式是干煎、清蒸或煮汤。

2 将鱼去鳞、剖腹洗净后，涂上一些酒，能够去除鱼腥味，并且能使鱼的味道更鲜美。

鲈鱼饮食宜忌

1 鲈鱼富含蛋白质，有助于产后、手术后人群的复原，是既健康又营养的鱼类食品。

2 鲈鱼可以补血祛湿，适宜贫血头晕者、孕妇妊娠期水肿或怀孕期间安胎食用。

3 鲈鱼肉质细腻，且鱼刺易清除，适合老人和幼儿食用，方便又营养。

4 鲈鱼属于过敏源，皮肤过敏或疮肿发作期间忌食。

木瓜鲈鱼汤

抑制肿瘤

材料：

鲈鱼500克，木瓜450克，金华火腿100克，姜4片

调味料：

橄榄油1小匙，盐少许

做法：

1. 鲈鱼去内脏后，切块，洗净下油锅，加入姜片，将鲈鱼块煎至金黄色。
2. 木瓜去皮、去籽洗净，切块状；金华火腿切片，加姜片爆炒5分钟。
3. 锅内加水煮沸后，再加木瓜块、鲈鱼块和火腿片，煮沸后用小火炖2小时，加盐调味即可。

提升免疫功效

鲈鱼含优质易吸收的蛋白质，可提供增强免疫力的微量元素——硒，能协助免疫系统发挥功效，抑制肿瘤形成。

蔗香炖鲈鱼

增强免疫力＋预防肠癌

材料：

鲈鱼1/2尾（约200克），荸荠6个，甘蔗60克，姜片15克

调味料：

盐、米酒各1小匙

做法：

1. 所有材料洗净；鲈鱼切块汆烫；甘蔗切小段；荸荠削皮后泡冷水，备用。
2. 将甘蔗段、荸荠、姜片、鲈鱼块、米酒加水，放入电饭锅蒸煮，电饭锅开关跳起后，再焖10分钟左右，加盐调味即可。

提升免疫功效

鲈鱼含优质蛋白质，能增强免疫系统功能；荸荠中的低聚糖，能促进肠道中有益菌繁殖，维持肠道菌群平衡，降低肠癌的发生率。

提示 补铁造血，提升细胞活性

羊肉

提升免疫有效成分

维生素A、B族维生素、蛋白质、铁

食疗功效

补中益气
温肾助阳

● **别名：** 膻肉、膻食

● **性味：** 性温，味咸

● **营养成分：**
蛋白质、脂肪、氨基酸、烟酸、牛磺酸、维生素A、维生素B_1、维生素B_2、维生素D、维生素E、钙、铁、磷、钾、铜、镁、锌、硒

○ **适用者：** 普通人、体质虚寒者　✗ **不适用者：** 发热、伤口红肿、牙痛者

羊肉为什么能提升免疫力？

1 羊肉是一种高蛋白食物，含铁和多种维生素，可改善血液循环、补中益气、暖肾补肝、提升细胞活性，有助改善体质，增强抵抗力。

2 体质偏寒者冬天怕冷，易感冒咳嗽，常感觉体力疲乏、精神不振，平时可以多吃羊肉，增强免疫力。

3 羊肉铁含量高，对补铁造血有明显的功效，能促进血液循环，是女性月经期的佳品。

4 羊肉富含维生素B_1、维生素B_2、烟酸，能调节生理功能，加速新陈代谢，还可预防脚气病、口角炎和皮肤炎。

羊肉主要营养成分

1 羊肉含有蛋白质、脂肪、氨基酸、烟酸、牛磺酸、维生素A、维生素B_1、维生素B_2、维生素D、维生素E等营养成分。

2 羊肉还含钙、铁、磷、钾、铜、镁、锌、硒等矿物质。

羊肉食疗效果

1 羊肉性温滋补，对于久病体虚、产后体弱、气血亏损，或阳气不足而畏寒怕冷、尿频夜尿、阳痿早泄、月经失调、不孕者均有疗效。

2 羊骨含大量磷酸钙，能补肾、强筋骨，适用于肾脏虚冷、腰膝酸软等病症。中老年人常吃，可以预防骨质疏松症。

羊肉食用方法

1 羊肉吃法非常多，不论是烧、卤、酱、炖、炒、涮皆美味。西式做法多为煎、烤或炖，搭配百里香、迷迭香等香草植物，能去除羊肉的腥味。

2 羊肉炉和清炖羊肉汤是属于羊肉的汤品做法。在寒冷的冬天喝碗羊肉汤，能祛寒暖胃；加入独特中药材的汤头，可以去腥膻味外，更能突出羊肉的鲜甜味。

羊肉饮食宜忌

1 羊肉较牛肉的肉质细嫩、容易消化，且相较于猪肉和牛肉的脂肪含量更低，属于高蛋白、低脂肪、胆固醇含量较少的肉类，适合一般大众食用。

2 羊肉性温，有发热、伤口红肿、牙痛等症状者，不宜多吃羊肉。

艾叶羊肉汤

益气补虚+预防乳腺癌

材料：

羊肉150克，艾叶15克，红枣10颗，姜3片

调味料：

米酒1大匙，盐1/4小匙

做法：

1. 所有材料洗净；艾叶切段；羊肉切块，汆烫。
2. 隔水电炖盅内锅加水，放入所有材料和调味料，外锅加水2杯，按下开关，蒸煮至开关跳起即可。

中医认为，羊肉可益气补虚，促进血液循环，增强御寒能力，还可提升免疫力；艾叶具有抗消化道肿瘤和乳腺癌的功效。

枸杞羊肉汤

暖中补虚+强化免疫力

材料：

羊肉500克，枸杞子15克，姜10克，葱1根，大蒜1瓣

调味料：

米酒1大匙，盐1小匙

做法：

1. 羊肉汆烫后洗净切块；姜切片；葱洗净切段；大蒜去皮切片。
2. 热油锅，倒入羊肉块、姜片、大蒜片翻炒至熟，放入砂锅中，加入枸杞子、水，以大火煮沸后转小火。
3. 炖至羊肉块熟烂后，加葱和其余调味料拌匀即可。

提升免疫功效

羊肉中含有丰富的蛋白质，有助身体维持良好的免疫功能，还能暖中补虚，寒湿体质和呼吸道功能较弱者可多吃此道汤品。

奶制品和醋

本节介绍的健康饮品包括乳酪、酸奶和醋。

乳酪含免疫蛋白，能有效增强抗病力和抗癌力；具有解毒功能，可减少毒物对人体的侵害，是极佳的营养补充品，也是钙质的良好来源。

酸奶含多种对人体有益的乳酸菌，可清除肠道有害菌，帮助排除宿便和毒素，使病菌不易在肠道和黏膜生存，增强人体抵抗力。

醋有很强的杀菌力，可清除肠道细菌，提高人体对病菌的抵抗力；且为碱性食物，可使血液和体液保持正常酸碱值，让人不易生病。

提示 含乳酸菌，有助于调节胃酸，抑制有害菌生长

乳酪

提升免疫有效成分

免疫蛋白、维生素A、B族维生素

食疗功效

镇静安神

延缓衰老

- **别名：** 干酪、起司
- **性味：** 性平，味咸
- **营养成分：** 蛋白质、脂肪、氨基酸、维生素A、B族维生素、维生素D、维生素E、钙、磷、镁、钾、钠、硫、硒、锌、锰

○ **适用者：** 普通人　✗ **不适用者：** 对乳制品过敏者及高血压、心脏病患者

乳酪为什么能提升免疫力？

1 乳酪营养丰富，是成长中儿童、青少年、怀孕妇女良好的营养补充品。

2 乳酪中含有多种免疫蛋白，能有效增强人体的抗病能力和抗癌能力。

3 乳酪所含的蛋白质，具有解毒功能，可减少肠胃对毒物的吸收，减少毒物对人体的侵害。

乳酪主要营养成分

1 乳酪含有优质蛋白质、脂肪、多种人体必需氨基酸、维生素A、B族维生素、维生素D、维生素E等营养成分。

2 乳酪还含钙、磷、镁、钾、钠、硫、硒、锌、锰等矿物质。

乳酪食疗效果

1 乳酪中的钙以酪蛋白钙的形式存在，且含维生素D，有助于钙的吸收，可预防老年人的骨质疏松症和儿童的佝偻病。

2 乳酪中的蛋白质比牛奶更易消化，可被人体全面吸收，促进儿童生长发育。

3 乳酪对消化性溃疡有良好的辅助治疗作用；乳酪中丰富的蛋白质可有效修复溃疡，减少胃酸的刺激。

4 天然乳酪中的乳酸菌有助于调节胃酸分泌，可促进胃肠蠕动和消化腺分泌；还能增加钙的吸收，帮助抑制有害菌生长，调节肠道菌群，也有整肠、通便的作用。

乳酪选购、保存和食用方法

1 乳酪通常是以牛奶或羊奶为原料制作。购买乳酪时，应选择信誉和口碑俱佳的生产厂商，并注意包装上的保存期限。

2 大部分乳酪的保存期限约60天。买回家后，建议最好摆入密封保存盒中，再放入冰箱的保鲜室。

3 乳酪最常用来作为三明治、乳酪蛋糕、西点、意大利面、披萨的制作主材料。

乳酪饮食宜忌

1 多吃高脂肪的乳酪，容易发胖；如果想要获得乳酪的钙质和营养，可选择吃脱脂牛奶做成的低脂乳酪。

2 乳酪是高盐分、高胆固醇的食物，高血压、心脏病患者最好不要多吃。

提示 平衡免疫系统，减少过敏反应

酸奶

提升免疫有效成分

免疫蛋白、乳酸菌、B族维生素

食疗功效

润肠通便
减少过敏

● **别名：** 优酪乳、发酵乳

● **性味：** 性平，味甘

● **营养成分：**
蛋白质、糖类、多种氨基酸、脂肪、乳酸菌、乳糖、β-胡萝卜素、B族维生素、维生素C、钙、铁、磷、钾、钠、镁、锌、铜、锰

○适用者： 普通人、更年期妇女、年长者　**✗不适用者：** 正服用抗生素者

酸奶为什么能提升免疫力？

1 酸奶含有多种对人体有益的乳酸菌，可清除肠道有害菌，帮助排除宿便和毒素；并和有害菌竞争排挤，使病菌不易在肠道、黏膜生存，增强人体的抵抗力。

2 酸奶含有多种免疫蛋白，能增强体内免疫调节系统，有效增强人体的抗病能力和抗癌能力。

3 酸奶含优质蛋白质、多种氨基酸，可改善免疫系统平衡，减少过敏反应，改善鼻子过敏、异位性皮肤炎等症状。

4 酸奶可提供B族维生素、叶酸、磷酸和钙，是孕妇、胎儿良好的营养来源。

酸奶主要营养成分

1 酸奶含有优质蛋白质、多种氨基酸、脂肪、乳糖、乳酸菌、维生素A、B族维生素、维生素C、维生素D、维生素E、β-胡萝卜素等营养成分。

2 酸奶还含钙、铁、磷、钾、钠、镁、锌、铜、锰、硒等矿物质。

酸奶食疗效果

1 酸奶中的钙比牛奶易被人体吸收，可促进儿童生长，预防骨质疏松症。

2 酸奶中的胆碱含量高，经常食用，可降低血液中胆固醇，减少高脂血症、动脉硬化的发生。

酸奶食用和保存方法

1 酸奶不宜空腹饮用，因为会使酸奶中的乳酸菌来不及在胃肠道停留就排出了，无法发挥整肠的作用。

2 喝酸奶适合搭配含有丰富膳食纤维的蔬菜、水果。因膳食纤维含有低聚糖，可促进乳酸菌生长，增加体内乳酸菌的数量和活性。

3 乳酸菌不耐高温，容易氧化，故酸奶必须冷藏，且开瓶后要尽快喝完。

酸奶饮食宜忌

1 酸奶含有乳糖分解酶，比牛奶更易被人体接受，适合乳糖不耐症患者。

2 酸奶不宜和抗生素药物同时饮用。因抗生素会破坏酸奶中的有益菌，服药后应间隔4～6小时再喝酸奶。

西红柿酸奶

刺激免疫系统+预防癌症

材料：

西红柿1个，原味酸奶180毫升

调味料：

蜂蜜1小匙

做法：

1. 将西红柿洗净后去蒂，切块，放入果汁机中打成汁备用。
2. 在西红柿汁中倒入酸奶拌匀。
3. 加入蜂蜜调味，即可。

提升免疫功效

酸奶中的益生菌，能刺激免疫系统，并阻止致癌化学物质转化为癌症；西红柿中的番茄红素，可避免癌细胞形成。

双果酸奶

清洁肠道+提升免疫力

材料：

苹果1/4个，白肉火龙果50克，酸奶1/2杯

做法：

1. 水果洗净；火龙果去皮，切块；苹果去皮和籽，切小块。
2. 将所有材料放入果汁机中榨汁即可。

提升免疫功效

酸奶中的益生菌，可减少有害菌对肠道的伤害，增强免疫力；搭配能排除有毒物质的苹果，可有效提升免疫力。

提示 维持体内酸碱平衡，增加血液中抗体

醋

提升免疫有效成分

醋酸、有机酸、B族维生素

食疗功效

消食开胃
杀菌解毒

● **别名：** 酢、醯

● **性味：** 性平，味酸

● **营养成分：**
醋酸、蛋白质、多种氨基酸、脂肪、有机酸类、酶、B族维生素、维生素C、钙、铁、磷、钾、钠

○ **适用者：** 普通人　✗ **不适用者：** 消化道溃疡患者

醋为什么能提升免疫力？

1 醋的口感虽是酸性，却是碱性食物，可帮助血液和体液维持正常的酸碱值，增加血液中的抗体，增强淋巴细胞吞噬能力，提高身体抗病能力，让人不容易生病。

2 醋含醋酸，具有很强的杀菌能力，可抑制肠道中的金黄色葡萄球菌、大肠杆菌、痢疾杆菌等，能提高人体对病菌的抵抗力。

3 醋含氨基酸、乳酸等多种有机酸，能改善和调节人体的新陈代谢，具有抗衰老、抑制自由基伤害人体细胞的功能。

4 醋可有效减少肝脏内的中性脂肪；且能促进好胆固醇生成，并减少坏胆固醇堆积，避免血管硬化。

醋主要营养成分

醋含有醋酸、蛋白质、多种氨基酸、脂肪、有机酸类、酶等、B族维生素、维生素C、钙、铁、磷、钾、钠等营养成分。

醋食疗效果

1 醋有助食物中钙的释出和人体对钙的吸收，对强健骨骼、镇定神经、安眠均有帮助。

2 酿造醋中的氨基酸，可帮助血液循环；并能使血管保持弹性，使养分易于输送到身体各部位，有利于降低血压，防止心血管疾病的发生。

醋食用方法

1 煮鱼汤或排骨汤时添加少许醋，有助于骨头里的钙质释出，让人体更易吸收到钙质；且可使鱼肉或排骨柔软可口。

2 煮白煮蛋前，在水中加些醋，煮好后就很容易剥掉蛋壳。

3 夏天吃凉拌菜时，放点醋既能增进食欲、帮助消化，又可有效预防肠道疾病。

醋饮食宜忌

1 胃口不好的人和味觉退化的老年人，在餐食中添加一些醋，可以增进食欲，帮助营养吸收。

2 消化道溃疡者应避免空腹喝醋，以免过度刺激肠胃，引起胃痛。

抗癌青梅醋

平衡免疫系统＋调整体质

材料：

青梅600克，陈年醋600毫升

调味料：

冰糖600克

做法：

❶ 青梅洗净、擦干，以一层梅子、一层冰糖的顺序放置，置于容器内，加入陈年醋，密封置于阴凉处，每周摇晃1次，3～4周后即可开封。

❷ 腌梅可以食用，梅醋汁也可以开水稀释4～5倍饮用。

提升免疫功效

醋为碱性物质，可帮助调整体质，减少癌细胞形成，并维持免疫系统正常运作；青梅中的氨基酸，也能协助人体形成免疫蛋白。

健康醋蛋

增强免疫力＋清除自由基

材料：

鸡蛋1个，米醋120毫升

调味料：

盐1/6小匙

做法：

❶ 米醋倒入锅中，以小火煮沸。

❷ 鸡蛋取蛋清，加入米醋中，以小火煮约3分钟至熟。

❸ 加盐调味即可。

提升免疫功效

蛋白中的白蛋白能清除自由基，增强人体免疫力；白蛋白经消化酶分解后，会产生溶解酶，可提高人体免疫力。

养生中药材

中国传统中草药种类丰富，既能改善病症，也能增强人体免疫力。

本节介绍的金银花，对胃肠病等疾病有防治作用；板蓝根能有效抑制病毒和细菌生长；黄芪含黏液多糖体、皂苷类物质，可刺激免疫系统功能；枸杞子含多种氨基酸，能降血压、降血糖，增强血管弹性；灵芝多糖体能激发巨噬细胞、T淋巴细胞的活性，进而预防癌症。

 清热抗菌，预防感冒和抑制肠道病毒感染

金银花

提升免疫有效成分
绿原酸、木犀草素、黄酮类物质

食疗功效
清热解毒
止痒抗病毒

- **别名：** 忍冬、双花
- **性味：** 性寒，味微甘
- **营养成分：** 蛋白质、糖类、有机酸、氨基酸、绿原酸、异绿原酸、维生素A、维生素C、环己六醇、黄酮类、木犀草素、肌醇、皂苷

○ **适用者：** 普通人、体质燥热者　✗ **不适用者：** 体质虚寒者、手脚冰冷者、月经期妇女

金银花为什么能提升免疫力？

1 金银花是强有力的“抗生素”，可增加人体抗体，增强免疫细胞的功能，最常用于治疗感冒，可消炎、杀菌。

2 金银花具有抗菌作用，对金黄色葡萄球菌、痢疾杆菌、绿脓杆菌、伤寒杆菌等病菌有抑制作用，对肠道病毒、流感病毒等也有防治作用，能提高人体抗病力。

金银花主要营养成分

金银花含有蛋白质、糖类、有机酸、氨基酸、绿原酸、异绿原酸、维生素A、维生素C、环己六醇、黄酮类物质、木犀草素、肌醇、皂苷、鞣酸、花青素等营养成分。

金银花食疗效果

1 金银花具有清热解毒的功效，熬煮成茶饮，对湿疹和异位性皮肤炎具有舒缓的作用。

2 若皮肤有干燥、长水疱和瘙痒的症状，用金银花水湿敷，可以舒缓皮疹带来的不适。

3 金银花能促进肾上腺皮质激素的释放，对发炎症状有明显的抑制作用，并能缓解关节红肿热痛的症状。

4 金银花含有绿原酸，具有抗氧化、抗病毒、保护肝脏的功能，可抑制自由基等过氧化物的伤害。

5 夏季服用金银花茶，既能防暑降温、消除脂肪，又能清热解毒，是日常保健和预防风热感冒的绝佳茶饮。

金银花食用方法

1 晒干的金银花用来煮茶，有清热、解毒、降火的功效，也有解暑、消肿的作用。

2 将金银花干品用沸水冲泡，加盖闷5分钟，再加入蜂蜜，即可制成金银花茶。

金银花饮食宜忌

金银花属性偏寒，脾胃虚寒、手脚易冰冷者和月经期妇女不宜服用。

提示 退热消肿，清除体内毒素

板蓝根

提升免疫有效成分

三萜类、氨基酸、黄酮类物质

食疗功效

凉血利咽
抑制病毒

- **别名：** 靛青、大青根
- **性味：** 性寒，味苦
- **营养成分：** 蛋白质、糖类、靛蓝素、β-谷固醇、葱醌类、黄酮类、三萜类、氨基酸、皂苷、鞣酸

○ **适用者：** 普通人　✗ **不适用者：** 体质虚寒者、6岁以下孩童

板蓝根为什么能提升免疫力?

1 现代药理研究发现，板蓝根中的成分具有抗病毒的作用，能有效抑制溶血性链球菌、白喉杆菌、大肠杆菌等细菌滋生，具有增强人体抵抗力的功效。

2 板蓝根可以增强人体的抵抗力，可预防感冒或季节交替时高发的其他病症。

板蓝根主要营养成分

1 板蓝根含有多种氨基酸（精氨酸、脯氨酸、麸氨酸、酪氨酸、γ-胺基丁酸、缬氨酸、白氨酸）、植物纤维、草酸、皂苷、鞣酸等营养成分。

2 板蓝根还含蛋白质、糖类、靛蓝素、β-谷固醇、葱醌类、黄酮类、三萜类等营养成分。

板蓝根食疗效果

1 板蓝根具有清热解毒、凉血利咽的作用，中医常用于治疗流行性感冒、扁桃体炎、腮腺炎、肺炎、肝炎、丹毒等病症。

2 板蓝根含有抑菌物质，对革兰氏阳性菌、革兰氏阴性菌、某些流感病毒均有抑制作用，可增强人体免疫细胞的功能。

3 板蓝根中的活性植物成分，能帮助清除人体内的毒素和自由基，减少发炎、发热的现象，具有退烧消肿的作用。

板蓝根选用和食用方法

1 板蓝根作为中药材，是采用根部，除去杂质晒干后使用。药材以修长、粗细均匀者为佳。

2 板蓝根除了作为中药材使用，也适合煲汤，或做成板蓝根药膳，其嫩叶还可清炒、煮汤。

板蓝根饮食宜忌

1 板蓝根药性寒，味苦，长期或过量服用会伤脾胃，容易出现胃痛、恶心、呕吐、腹泻等症状。特别是体质偏虚寒的人，不宜常服板蓝根。

2 6岁以下小孩，因脾胃功能尚未发育健全，不宜服用板蓝根。

清香益气汤

改善体质+抑菌解毒

材料：

板蓝根、沙参、金银花各11.25克，枸杞子、薄荷、菊花各7.5克

做法：

1. 取锅加入水、沙参、板蓝根、金银花、枸杞子，以大火煮沸。
2. 转小火续煮10～15分钟，放入薄荷和菊花，搅拌至香味溢出即可熄火。

提升免疫功效

板蓝根、金银花可清热解毒，强化免疫力；薄荷有宣散风热、清心醒脑的功效。此道茶饮具有抑菌解毒的功效。

清心双花饮

排毒消炎+提升免疫功能

材料：

杭菊、麦门冬各10克，桔梗、金银花各15克，板蓝根20克，甘草3克，茶叶6克

调味料：

冰糖适量

做法：

1. 将所有中药材磨成粗粒状，平均分成3份。
2. 先将其中1份放入锅中，冲入沸水，盖上锅盖，以小火煮10～15分钟，或闷10～15分钟；饮用前加入冰糖调味。
3. 其他2份亦以同样方式泡制，日饮1份即可。

提升免疫功效

板蓝根中的活性植物成分，能帮助清除人体内的毒素、自由基，减少发炎症状，并提升人体免疫力；桔梗能祛痰镇咳。

提示 含黄芪多糖体，可提高免疫功能、保护心血管

黄芪

提升免疫有效成分

黏液多糖体
皂苷、胆碱

食疗功效

补中益气
固表止汗

● 别名：绵芪、百本

● 性味：性平，味甘

● 营养成分：
蛋白质、氨基酸、葡萄糖、糖醛酸、黏液多糖体、苦味素、胆碱、甜菜碱、叶酸、黄酮类、三萜类、皂苷、鞣酸

○ 适用者：普通人、化疗和放射性治疗患者　✗ 不适用者：无

黄芪为什么能提升免疫力?

1 现代药理研究显示，黄芪含有黏液多糖体、皂苷类活性物质，可以刺激免疫系统的功能，增强人体的抵抗力。

2 黄芪含皂苷，具有降低血压、维持细胞黏膜健康、提高免疫球蛋白含量、增强免疫功能、促进肝功能的作用。

黄芪主要营养成分

黄芪含有蛋白质、氨基酸、葡萄糖、糖醛酸、黏液多糖体、苦味素、胆碱、甜菜碱、叶酸、黄酮类、三萜类、皂苷、鞣酸等营养成分。

黄芪食疗效果

1 黄芪是中医重要的补气中药材，常用于病后虚弱、消瘦气虚等各种症状；也用于急性、慢性肾炎，或治疗内热盗汗、表虚自汗等病症。

2 黄芪能补肺气，对于预防感冒有助益；且黄芪能利尿消肿，帮助排除体内多余的水分，间接降低血压，增强心肌收缩力。

3 研究发现，黄芪萃取液能帮助免疫系统失调的患者恢复正常的免疫系统功能，且能抑制癌细胞生长。

4 黄芪多糖体具有提高免疫功能、调节血糖、保护心血管的作用。

5 临床实验显示，黄芪还可加速接受化疗和放射性治疗患者体力的恢复。

黄芪选购、保存和食用方法

1 挑选黄芪药材时，以干燥硬挺、粗条外皮少皱、质硬、粉性足、味甜且无黑心以及空心者为佳。

2 黄芪有甜味，容易生虫，也怕受潮后霉烂、发黑，故以贮存于干燥、通风处较为适宜。

3 黄芪除了作为中药材使用，还常用于一般药膳，如黄芪炖排骨、黄芪炖羊肉等。

黄芪饮食宜忌

1 黄芪配当归、枸杞子、红枣，最适合手术后患者作为补血、补气之用。

2 手脚冰冷、生理期后的女性，适宜吃含有黄芪的药膳。

黄芪红枣汤

预防癌症＋抗病毒补身

材料：

黄芪30克，红枣40克

做法：

1. 所有药材洗净；黄芪、红枣加水煮沸。
2. 转小火煎煮1小时以上即可。
3. 每天服用1次，体虚者可早、晚各服1次，连续饮用15天为1个疗程。

提升免疫功效

研究发现，此汤确实可调节人体免疫力。黄芪和红枣有抗病毒、抑制癌细胞增殖之功效，可作为预防癌症或调养病体时饮用的药膳。

养生黄芪茶

促进代谢＋提高免疫功能

材料：

黄芪15克，枸杞子10克，当归5克，红枣5颗

做法：

1. 所有药材洗净；红枣用刀划开备用。
2. 汤锅加水煮沸，再加入所有药材，以大火煮沸后，转小火焖煮25分钟。
3. 过滤药渣后即可。

提升免疫功效

黄芪可增强免疫功能的运作。此饮品能补养气血、改善呼吸系统、提高免疫功能，帮助人体过滤毒素，促进新陈代谢。

滋补肝肾，提高受损细胞修复能力

枸杞子

提升免疫有效成分
枸杞多糖、氨基酸、胡萝卜素

食疗功效
养肝明目
润肺滋阴

- **别名：** 甘杞、却老子
- **性味：** 性平，味甘
- **营养成分：** 蛋白质、氨基酸、糖类、不饱和脂肪酸、皂苷、类胡萝卜素、维生素A、B族维生素、维生素C、叶黄素、甜菜碱、钙

适用者： 普通人、化疗和放射性治疗患者

枸杞子为什么能提升免疫力？

1 中医药理研究证实，枸杞子萃取物可增强细胞免疫功能，具有增强淋巴细胞增殖、抗肿瘤生成的作用。

2 枸杞子中的多糖类物质，可维护细胞正常发育，提高受损细胞的修复能力，还能增强人体抗病能力。

3 枸杞子含多种维生素和人体必需的氨基酸，具有降血压、降血糖、降胆固醇、增强血管弹性、保护肝脏、提高人体免疫功能等作用。

枸杞子主要营养成分

1 枸杞子含有蛋白质、多种维生素、氨基酸、糖类、不饱和脂肪酸、胡萝卜素、枸杞多糖、叶黄素、甜菜碱、钙、铁、磷、皂苷等营养成分。

2 枸杞子含有多种人体必需的氨基酸，其中β-胡萝卜素含量比胡萝卜还要高，维生素C含量也比柳橙高，铁含量则不亚于同重量的牛肉。

3 枸杞子含有钙、磷、铁和一定数量的有机锗，其中类胡萝卜素、β-胡萝卜素、玉米黄质的含量超过很多蔬菜。

枸杞子食疗效果

1 枸杞子含有甜菜碱，可抑制脂肪在肝内堆积；可预防肝硬化和脂肪肝，对保护肝细胞有良好的作用。

2 枸杞子富含胡萝卜素、叶黄素、维生素A等保健眼睛的营养成分。搭配菊花作为茶饮，民间一般认为具有良好的明目养肝功效。

3 以中医观点来说，枸杞子具有滋补肝肾、强壮筋骨、养血明目之效。可用于肝肾阴虚所致的头昏目眩、视力减退、阳痿早泄、遗精、白带过多、消渴等症，尤其适合老年人服用。

4 历代医家治疗肝血不足、肾阴亏虚引起的视物昏花和夜盲症，常常使用枸杞子；民间也常用枸杞子治疗慢性眼疾。枸杞子蒸蛋就是一道简便、有效的食疗方。

5 枸杞子性平、味甘，归肝、肾、肺经，适宜用眼过度、眼睛疲劳、常使用电脑工作者食用。

6 取枸杞子30克，陈皮、玉竹各5克，和白米、麦片熬成粥食用，具有消除水肿的功效。

枸杞子食用方法

1 枸杞嫩叶可作菜蔬，果实名枸杞子，味甜，可供药用。其根名地骨皮，可煮成清凉饮料饮用。

2 枸杞子不仅是坊间常见的传统中药材，又可作为零食食用。春天枸杞的嫩茎、嫩叶作为一种蔬菜，加大蒜清炒，即是一道营养丰富的菜肴。

3 枸杞子具有滋阴补血、益精明目的作用。挑选枸杞子，以粒大、色红、肉厚、籽少、味甜者为佳。

4 煮鸡肉、羊肉、排骨煲汤时，放入一些枸杞子，不仅能使汤的味道更加鲜美，而且有益身体健康。

枸杞子饮食宜忌

1 枸杞子虽然具有很好的滋补和治疗作用，但正在感冒发热或身体发炎、腹泻的人最好暂时别吃。

2 高脂血症、高血压等慢性病患者和年长者，最适合食用枸杞子补身健体。

枸杞子鲜虾豆腐

促进血液循环＋加速代谢

材料：

豆腐1盒，虾仁200克，干贝40克，枸杞子10克，鸡蛋（取蛋白）1个

调味料：

米酒1大匙，淀粉1大匙，盐1小匙，香油1/2小匙，酱油75毫升，蚝油1/2大匙，白糖2小匙

做法：

❶ 枸杞子先以米酒浸泡20分钟，再放入锅内略煮，捞起；豆腐切块，备用。

❷ 虾仁洗净，擦干水分，和枸杞子、干贝一起用刀拍碎，加入蛋白和淀粉、盐和香油，搅拌至有黏性，裹在豆腐块上。

❸ 将裹有调料的豆腐块移入蒸锅中，以大火蒸约7分钟后取出，淋上煮沸的酱油、蚝油、白糖和水的混合汁即可。

提升免疫功效

枸杞子具有降血糖、降胆固醇的功效，并可促进血液循环和增强造血功能，可防止动脉硬化；同时，也能加速体内新陈代谢，提升人体免疫功能。

当归枸杞子鸡

修复细胞＋增强免疫力

材料：

带骨鸡块600克，当归2片，大蒜3～4瓣，枸杞子1大匙

调味料：

盐、米酒各少许

做法：

❶ 将带骨鸡块洗净；大蒜拍碎。

❷ 锅内放入鸡块、大蒜、水、当归、枸杞子，用大火煮沸后，转小火继续炖煮30分钟。

❸ 加入米酒，继续煮30分钟，然后加盐调味，熄火后闷10分钟即可。

提升免疫功效

当归有补气血、养身体的作用；鸡肉富含不饱和脂肪酸、胶质、蛋白质等，能修复细胞，增强人体免疫力。

参芪益气茶

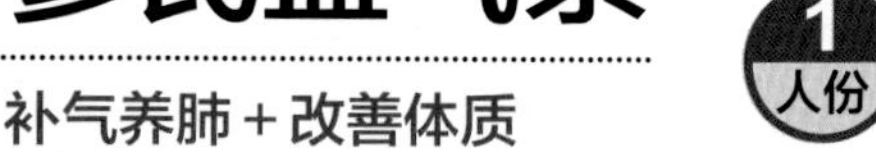

补气养肺＋改善体质

材料：

西洋参（东洋参或党参亦可）15克，黄芪、枸杞子各11.25克

做法：

❶ 西洋参、黄芪、枸杞子用清水过滤。

❷ 将所有中药材放入锅中，加水，以大火煮沸。

❸ 转小火，继续熬煮15分钟即可。

提升免疫功效

此道茶饮能改善体质，增强抵抗力，适合肺气虚的患者。但感冒或有急性发炎的情况时不宜服用。

提示 调节免疫功能，抗过敏，有助改善心脑血管功能

灵芝

提升免疫有效成分
灵芝多糖体、氨基酸、锗、硒

食疗功效
养肝明目
补气养血

- **别名：**灵芝草、神草
- **性味：**性平，味甘
- **营养成分：**多糖体、蛋白质、腺苷酸、甘露醇、麦角固醇、氨基酸、三萜类、酶、钙、铁、磷、钾、钠、镁、锌、铜、锰

○**适用者：**普通人、心血管疾病患者 ✗**不适用者：**内出血者、凝血障碍者

灵芝为什么能提升免疫力?

1 灵芝含有多种人体必需氨基酸，能帮助人体新陈代谢，提高自身免疫力。

2 灵芝所含的高分子多糖体，能增强人体免疫功能，激发巨噬细胞、T淋巴细胞产生大量和抗肿瘤有关的干扰素。

3 灵芝的活性物质，可抑制自由基对人体正常细胞的伤害，并能延缓衰老。

灵芝主要营养成分

1 灵芝含有钙、铁、磷、钾、钠、镁、锌、铜、锰、锗、硒、维生素A、B族维生素、维生素C、维生素E等营养成分。

2 灵芝还含有高分子多糖体、小分子蛋白质、腺苷酸、甘露醇、麦角固醇、多种氨基酸、三萜类、酶等营养成分。

灵芝食疗效果

1 灵芝所含的蛋白质、三萜类成分，和人体的免疫球蛋白类似，可抑制组胺的释放，产生类似人体免疫功能的功效，具有调节免疫和抗过敏的能力。

2 灵芝有扩张血管作用，能让血流顺畅，有助于预防、改善心血管疾病。

3 灵芝含腺苷酸、甘露醇、麦角固醇等活性成分，可调节中性脂肪，降低高脂血症、心脏病发生率。

4 灵芝中具有抑制凝血作用的成分，可防止血栓，预防脑卒中。

5 灵芝可调节中枢神经系统，有镇静安神的功效，对神经衰弱和失眠者有助益。

灵芝食用方法

1 灵芝自古以来就是珍贵的中药材，现代的科学技术，可将灵芝以萃取浓缩的方式，制成锭片、胶囊、粉剂、糖浆等。

2 灵芝切片煮水可当茶饮，常喝有益健康；亦可用来炖鸡、炖排骨。

3 将灵芝泡成药酒饮用，也是常见的做法。

灵芝饮食宜忌

1 灵芝有抑制血小板凝集的作用，有内出血、凝血障碍的患者，不宜使用。

2 少数人第一次吃灵芝，可能产生头晕、口干舌燥、恶心等症状，此时应暂停服用或减少用量。

提示 滋阴保健，增强免疫功能

百合

提升免疫有效成分

植物碱、氨基酸、硒

食疗功效

润肺止咳

清心安神

- **别名**：蒜脑薯、山蒜头
- **性味**：性微寒，味甘、微苦
- **营养成分**：

蛋白质、糖类、脂肪、B族维生素、维生素C、维生素E、胡萝卜素、钙、铁、磷、硒、镁、锌、钠、钾、铜、膳食纤维

○ **适用者**：普通人、口臭和牙龈出血者　✗ **不适用者**：咳嗽、腹泻、脾胃虚寒者、肾功能不全者

百合为什么能提升免疫力？

1 现代中医研究发现，百合含有多种微量元素、植物碱性成分，可提高淋巴细胞转化率，增强自身免疫细胞的活性。

2 百合含矿物质硒，能提升人体免疫力，抑制癌细胞分裂和增殖，降低癌症发生率。

3 百合能滋阴清热，对于常吃速食、油炸食物所引起的火气大、体质燥热颇有疗效，可改善口苦、口臭、牙龈出血、口角炎、喉咙痛等症状。

百合主要营养成分

百合含有蛋白质、糖类、脂肪、B族维生素、胡萝卜素、泛酸、钙、铁、磷、硒、镁、锌、钠、钾、铜、膳食纤维、秋水仙碱等营养成分。

百合食疗效果

1 中医认为，百合具有养阴清热、润燥清咽的药理功效。民间则喜爱将莲子、百合一起烹煮。夏天食用，有消暑止渴、止咳润肺和增补元气的功能。

2 百合是滋补保健、药食同源的名贵中药，可清心安神，有助于缓解老年人精神恍惚、神经衰弱、失眠多梦等症状。

百合食用方法

1 百合入药的部位是地下鳞茎，肥厚的鳞茎状似莲花，色泽略呈淡黄色，味道十分鲜嫩爽口，经常被用来熬粥、炒菜、煮汤。

2 将百合除去杂质，在清水中反复漂洗几次，放入锅内用小火煮烂，加入适量冰糖后冷却食用；可清热、润肺，对长期咳嗽、支气管炎患者有帮助。

百合饮食宜忌

1 百合的主要功能是润肺止咳，尤其适合肺部和支气管弱的人食用。

2 风寒型咳嗽、腹泻、脾胃虚寒者，不适合用百合补身。

3 百合钾含量较高，肾功能不全者需注意摄取量。

百合西芹炒鸡柳

抑制癌细胞＋促进代谢

材料：

鸡肉条200克，百合75克，西芹片150克，枸杞子10克，大蒜（切末）1瓣

调味料：

淀粉1大匙，橄榄油，米酒各2大匙，盐1小匙，白糖、蚝油各1/2小匙，水淀粉1小匙

做法：

1. 鸡肉条用淀粉略腌；枸杞子泡热水中5分钟。
2. 热油锅爆香蒜末，加西芹片、枸杞子、鸡肉条略炒。
3. 汤锅加水煮沸，加鸡肉条、百合、米油、盐、白糖、蚝油略煮，再加西芹片、枸杞子，用水淀粉勾芡即可。

提升免疫功效

百合能调节免疫功能，抑制癌细胞分裂和增生，还可养阴润肺、清心安神、平喘消痰；鸡肉可促进新陈代谢，增强人体免疫力。

百合炖乌鸡

增加抵抗力＋低脂强身

材料：

乌鸡1/2只，排骨块150克，板蓝根50克，百合35克，金银花30克，杭菊20克，姜片数片

调味料：

米酒2大匙，盐1/2小匙

做法：

1. 排骨块汆烫3分钟后捞出、洗净，放回锅中，加水、姜片、板蓝根、金银花、杭菊，以大火煮沸后，转小火炖1小时，滤出残渣取汤。
2. 乌鸡汆烫后洗净，切小块。
3. 在滤好的汤中，加入米酒、乌鸡块、百合，以小火炖煮2小时后，加盐调味即可。

提升免疫功效

乌鸡可增强人体免疫力，且脂肪含量和热量远比一般肉鸡低，蛋白质和矿物质含量则高于一般肉鸡。

提示 散风清热、生津止渴，有助于提高人体抗病毒功能

菊花

提升免疫有效成分

黏液多糖体、氨基酸、黄酮类

食疗功效

清热消炎
明目平肝

- **别名：** 杭菊、甘菊
- **性味：** 性寒，味甘
- **营养成分：** 蛋白质、糖类、黄酮类、酯类、醇类、维生素B_1、维生素B_2、维生素B_6、维生素C、胡萝卜素、泛酸、钙、铁、磷、木犀草素、菊苷

○ **适用者：** 普通人皆可　✗ **不适用者：** 体虚腹泻者、手脚冰冷者

菊花为什么能提升免疫力？

1 菊花鲜品含菊醇、菊酮、樟烯、菊花酯、菊花素、菊苷、木犀草素等挥发油成分，对金黄色葡萄球菌、大肠杆菌、痢疾杆菌等具有抑制作用，且能防止微生物滋生，降低人体感染疾病的概率。

2 菊花含有人体不能自行合成的植物黄酮类化合物，在人体中扮演着“超级抗氧化剂”的角色，可抗病毒、抗致癌物、抗毒素和抗过敏物质，也能帮助产生抗自由基的酶。

菊花主要营养成分

1 菊花含蛋白质、糖类、黏液多糖体、葡萄糖、挥发油、黄酮类、酯类、醇类、胡萝卜素、木犀草素、芹菜素、菊苷等营养成分。

2 菊花还含丰富的维生素B_1、维生素B_2、维生素B_6、维生素C、泛酸、钙、铁、磷。

菊花食疗效果

1 菊花对缓解眼睛疲劳、视力模糊有很好的效果，上班族、学生族时常泡菊花茶来喝，能缓解眼睛疲劳的症状，对恢复视力也有帮助。

2 菊花含有对心脏血管有益的活性成分。常喝菊花茶，能扩张血管，减轻心肌缺血状态，帮助保护心血管系统。

3 菊花茶含多种人体必需氨基酸，可养肝明目、生津止渴、清心健脑、润肠消脂，是大众夏季最佳的保健饮品。

4 菊花具散风清热、平肝明目的作用，中医常用于治疗风热感冒、头痛眩晕、湿热黄疸、水肿少尿等病症。

菊花选购和食用方法

1 挑选菊花干品时，以有花萼，带有清香且颜色偏绿的菊花为上品；颜色发暗、发霉长虫的菊花不要购买，这种菊花可能存放过久，食用可能会危害健康。

2 冲泡菊花茶时，每次放入四五朵，用沸水冲泡2～3分钟即可饮用。

3 菊花茶加入适量蜂蜜，具有排毒的作用，可帮助清除体内积存的有害物质。

菊花饮食宜忌

1 胃寒、脸色苍白的人不宜多服。

2 菊花茶性寒，勿长期饮用；饮用后若有腹泻、手脚冰冷等症状，需立即停饮。

金银菊花茶

材料：

桑叶20克，金银花、菊花各15克，薄荷、甘草各3克

做法：

1. 所有药材用清水过滤。
2. 将所有药材放入锅中，加水焖煮10～15分钟即可。

菊花能散风清热，常用于治疗风热感冒、头痛眩晕，可提升人体免疫力；所含的木犀草素，能抑制不正常细胞的生长和扩散。

桑叶菊花饮

材料：

菊花30克，桑叶10克

做法：

1. 将桑叶和菊花洗净。
2. 所有材料放入陶锅中，加水，以大火煮沸后转小火，再煮10分钟。
3. 滤取药汁即可。

提升免疫功效

菊花含木犀草素，能缓解因免疫系统异常引发的过敏症状；桑叶中的水溶性膳食纤维，可和α-葡萄糖苷酶结合，有效控制血糖。

提示 镇痛解热，缓解过敏症状

防风

提升免疫有效成分

多糖类、挥发油、黄酮类

食疗功效

祛风解表
镇痛抗炎

- **别名：** 东防风、铜芸
- **性味：** 性温，味甘、辛
- **营养成分：**

蛋白质、糖类、黄酮类、防风醇、多酚类、防风酯、辛醛、β-谷固醇、β-D葡萄糖苷、甘露醇、香草酸

○**适用者：** 普通人　✗**不适用者：** 腹泻体虚者

防风为什么能提升免疫力?

1 防风具有解热、抗菌、镇痛等作用，其挥发油和植物活性成分，能增强人体巨噬细胞对于病菌的吞噬功能，进而强化人体免疫力和抗过敏能力。

2 防风对肺炎链球菌和金黄色葡萄球菌具有明显的抗菌作用；也可抑制痢疾杆菌、溶血性链球菌生成，有效降低人体受病菌感染的概率。

防风主要营养成分

1 防风含有蛋白质、糖类、B族维生素、维生素C、胡萝卜素、钙、铁、磷等营养成分。

2 防风亦含有黄酮类、防风醇、多酚类、防风酯、辛醛、β-谷固醇、β-D葡萄糖苷、甘露醇、香草酸、挥发油等特殊成分。

防风食疗效果

1 防风常被中医用来治疗外邪感染引起的头痛、偏头痛、风湿痛、破伤风和过敏性鼻炎、慢性鼻炎等病症。

2 防风不仅能镇痛、解热，且可帮助调节免疫系统，具有抑制组胺分泌、减轻过敏症状的功效，对于治疗过敏体质引起的肿胀不适有助益。

3 防风有预防感冒的功效，常用于外感风寒或风热感冒；对于流行性感冒亦有预防作用。

防风选购和保存方法

1 挑选防风干品时，以条枝粗壮、断面外皮色泽浅棕、木质部分色泽浅黄者为佳。

2 存放防风时，应置于干燥、阴凉之处，以防止发霉、虫蛀。

防风饮食宜忌

1 防风性温，燥热体质、虚火上升者不宜常服。

2 流行性感冒病毒肆虐的季节，可用防风搭配适合自身体质的中药材，来作为日常保健之用。

玉屏风茶

补中益气+增强免疫力

材料：

黄芪22.5克，防风、白术各7.5克

做法：

1. 所有材料放入锅中，加水以大火煮沸。
2. 转小火续煮约20分钟。
3. 滤渣取汁即可。

提升免疫功效

黄芪含黄酮类、多糖体和多种氨基酸，可促进细胞内部合成抗体，增强免疫力。经常饮用，还可降血糖，预防心肌梗死和风寒感冒。

滋补养生粥

补脾益胃+调整体质

材料：

白米90克，黄芪40克，白术20克，防风10克，葱1根

做法：

1. 所有材料均洗净；葱切末。
2. 锅内放入黄芪、白术、防风和水600毫升，熬煮成200毫升药汤。
3. 药汤中加入白米、水600毫升，煮沸后转小火，煮至稠粥状，撒上葱末略煮即可。

提升免疫功效

黄芪可增强免疫力；白术具有补脾、益胃的作用，防风能止痛，对抗病毒。此粥品有促进身体代谢、提升免疫力的功效。

第四章
提升免疫力的方法途径解读

您真的了解“免疫力”是什么吗?

价格不菲的保健食品，到底是伤身还是养生?

生病还能服用保健食品来提升免疫力吗?

本章就专业问题为您解答。

免疫力、自身免疫性疾病和过敏

同属“免疫反应”，作用是保护身体，在特殊情况下会危害人体

近年来，“免疫力”这个话题被重视，但也有很多似是而非的错误观念，如，“多吃提升免疫力的保健食品，就不会生病”“免疫力不好，是因为罹患自体免疫性疾病”等。

免疫力差≠自体免疫性疾病

免疫力是人体对抗流行性感冒病毒的利器。当感冒病毒入侵时，免疫系统里的巨噬细胞、自然杀伤细胞便会攻击，并将其分解、消化。接着巨噬细胞会将发动攻击的讯息，传达给B型淋巴细胞和T型淋巴细胞，B型淋巴细胞就会制造抗体以摧毁病毒；此时，T型淋巴细胞也会进入“战斗”状态，分泌淋巴激素和介白质，活化其他免疫细胞。这一系列连锁反应，就是人体的免疫力。

“免疫力差”在医学上来说，其实是一个很笼统的名词，除非有明显的免疫球蛋白浓度过低——罹患先天或后天“免疫不全综合征”（AIDS），一般常说的“免疫力不好”，则是指身体健康状况失衡，免疫系统活跃性下降而已。想改善这种情况，只要调整日常生活习惯即可。

何谓“自体免疫性疾病”？

“自体免疫性疾病”是免疫系统紊乱造成的。当患者的免疫系统发生紊乱，因无法分辨自身正常细胞或外来物质，以至于遇到自身正常的细胞组织，却误认为是外来的入侵物而发动攻击，结果本身的组织细胞被免疫系统攻击而发炎，严重者甚至达到坏死的程度。

引发自身免疫性疾病的原因很多且复杂，大部分患者在早期并不知道自己有这方面的问题，都是当免疫系统发生紊乱，无法分辨是本身正常细胞或外来物质侵害时，才意识到自己可能罹患自体免疫性疾病。

常见的自体免疫性疾病

自体免疫性疾病一旦产生，就很难根治。以下是最为人熟知的3种自体免疫性疾病：

1. 红斑狼疮。
2. 类风湿性关节炎。
3. 强直性脊柱炎。

过敏反应面面观

另一个同属免疫问题的就是过敏。所谓“过敏”，就是身体会对某些过敏原产生过度免疫反应。常见的有过敏性鼻炎、气喘、食物过敏、荨麻疹、全身性过敏反应、异位性皮肤炎等病症。

常见的过敏途径有4种，分别是：吸入性过敏（尘螨、花粉等）、接触性过敏（香料、昆虫等）、食入性过敏（牛奶、花生等）和药物性过敏（抗生素、阿司匹林等）。若怀疑自己是过敏体质，可寻求专业医生协助，及时进行过敏原检查。

特别提醒，曾对药物过敏者，要特别将造成过敏药物的规格、浓度、过敏症状等信息记录下来，并和重要证件放在一起。这样万一遇到急救状况，医护人员才不会因此错用药物，而对患者生命造成威胁。

自身免疫、过敏反应都属免疫功能失常

自体免疫性疾病、过敏同属“免疫反应”。在正常情况下，免疫反应对身体是有利的；只有在特殊情况下，如自体免疫、过敏反应，免疫反应才会危害身体。

过敏反应、自体免疫性疾病，在大多数情况下，是对身体有害的反应。这些反应的原因非常复杂，很容易被误解和误用，所以在碰到此类疑问时，建议请教医护人员，寻求帮助。

4种常见过敏途径

过敏途径	过敏原
吸入性过敏	尘埃、尘螨、羽毛、动物皮脂屑垢、排泄物、霉菌、花粉、油烟、二手烟、香水等
接触性过敏	● 合成纤维、皮革、橡胶、衣物染料 ● 化妆用品的香料、染料 ● 儿童玩具上的涂料、黏土、蜡笔 ● 尿布或尿液成分 ● 昆虫螯刺的毒素
食入性过敏	麦粉、坚果、西红柿、带壳海鲜、巧克力、香料、牛奶、蛋、高蛋白食物、蜂胶、花粉、人工添加物
药物性过敏	青霉素、抗生素、磺胺药物、阿司匹林、水杨酸制剂、激素药等

提升免疫力从运动开始

密集的高强度运动有损免疫力，1周3次有氧运动已足够

医学专家指出，对抗病毒，提升免疫力是关键，只要做到改善生活作息、持续运动、均衡饮食和保持好心情，就能轻松提升免疫力，阻止病毒入侵。

规律运动对器官的帮助

规律运动对人体器官功能有什么帮助？在长期参与健康体能活动后，个人身心会产生变化，这些变化对人体健康有相当大的助益。

心脏

长期、规律的体能活动，会增强左心室收缩的力量，增加末梢毛细血管密度，并降低末梢血流阻力，有利于血液循环。平时心跳频率降低，可以使每次心跳的血液输出量增加，使氧气供应更有效率。

通过运动，可改变冠状动脉血管结构、改善血流动力、增加氧气输送的生物化学路径，增加冠状动脉血流，促进毛细血管和心肌细胞的氧气交换。

此外，运动训练可以通过增加心脏反应力，降低心肌氧气需求，进而减轻心脏工作的负荷。

呼吸系统

通过长期参与运动训练或健康体能活动，可强化肋间肌和横膈膜，使其不易因长期呼吸作用而疲劳，并且增加每分钟最大换气量，使气体在体内输送更有效率。

骨骼、肌肉系统

骨骼：受到重力或肌肉收缩张力的骨头部分，其骨质会增加，促成受力部位的骨质形成。骨质形成速度和施力循环次数、受力大小有关。

肌肉：从事阻力型运动，可使肌肉纤维横断面积扩大，促使肌肉增加，增加瘦肉组织。参与有氧运动项目，可增加肌肉细胞内的线粒体体积，增强有氧代谢能力。

内分泌系统、新陈代谢

运动对内分泌系统、新陈代谢有许多正向作用，如长期规律的运动，可增加胰岛素的敏感度，改善葡萄糖耐受性，有助于血糖的稳定。

长期进行健康体能活动，生长激素水平也会明显提升，且会随着每次运动出现高峰。研究指出，运动可使体内对促生长激素释放激素的反应增加数倍。

规律运动增强自身免疫力

根据研究显示，长期参与健康体能活动，免疫白细胞的增殖能力会增强；白细胞分泌细胞激素调节免疫作用的能力、淋巴细胞分泌免疫蛋白以合成抗体的能力也会大为增强，自然杀伤细胞活性增强33%，周边单核细胞溶解活力增强55%。

养成固定运动的习惯，如每周进行3次有氧运动，能提高免疫力，帮助人体对抗病毒或细菌的感染。

密集的高强度运动有损免疫力

运动对身体虽然有诸多好处，但是要注意的是，密集的高强度运动，如一周5次或更多的有氧运动，反而会让免疫力下降。

研究发现，对于19～29岁，平常不太运动或无运动习惯的人，让他们分别每周进行3～5次40分钟的有氧运动，持续12周。12周之后，通过血液检查中发现，每周运动3次的人，CD16杀手细胞数量增加27%，但每周运动5次的人，却只增加21%；还发现每周运动5次的人，免疫细胞数量减少33%，每周运动3次的人却没有任何改变。

适度运动才正确

虽然运动能减肥、增强心肺功能，是预防心脏老化的最佳方法，但过度运动对身体没有帮助，所以只要1周3次，每次约30分钟，持之以恒地运动，就能达到健康的效果。

运动的形式因人而异，没有所谓的最佳运动，瑜伽、游泳、骑脚踏车、打太极拳都可以；但30岁以上的人一般不建议快跑，因国人大多有骨质密度偏低的问题，跑步太快易引起骨骼病变。

运动舒压、降低感染风险

运动除了可增强体能、改善心肺功能、增强免疫力，对舒解情绪也很有用；而情绪的舒缓，又对免疫力的提升有很大助益。

科学研究证实，悲观的人免疫球蛋白浓度较低，受到感染的机会较高。通过运动，可舒缓压力、调整心情，进而增强免疫力。当自身免疫功能改善后，就算不小心受到病毒的攻击和感染，也可将对身体的伤害降至最低。

运动过度的伤害

运动过度，除了有损免疫力之外，对大脑功能也有不良影响。因为过度激烈运动后消耗大量能量，身体会出现保护性的抑制反应，不但使身体疲惫无力，大脑的反应速度还会减慢；如果长期过量运动，大脑功能易受损。

保健食品和免疫力的关系

服用前先了解保健食品，以免过度刺激免疫反应，补身不成反伤身

现代人崇尚养生，保健食品（包括维生素、矿物质、营养补充剂、草药和健康食品）几乎成为每日必需品。

保健品真能增强免疫力？

民间保健食品琳琅满目，多以“增强免疫力”为名头，借此吸引消费者购买。不过，这些食品是否真能增强免疫力吗？到目前为止，仍没有足够的证据与研究可以证实。因此有没有疗效、会不会伤身，医生普遍采取较保守的态度。

基本上专家学者都认同“营养成分最好的来源就是天然食物”，但如果消费者把保健食品当成维持生命的要素，不吃反而觉得不放心，专家也不反对适量补充。只是保健食品怎么吃才适当是一门学问，建议食用前最好和医生沟通。

过量摄取保健食品有损健康

现代人爱用保健食品，以为它来自天然食材，很安全，常有混合食用或过量食用的现象。例如，过量摄取儿茶素、蜂胶，导致尿毒升高；钙片吃太多，造成高钙血症；老人家喝牛奶加钙片，引起钙中毒。这些看起来很夸张且荒谬的描述，却是许多医院中千真万确的常见案例。

医生认为，应该慎用保健食品。近年来已有不少大型研究指出，维生素和营养食品补充过量，反而有害健康。

不随意用保健品提升免疫力

免疫系统可抵抗病毒入侵，然而一旦有问题时，也可能危害自身健康。前面所提到的“自身免疫性疾病”，就是免疫反应危害身体的例子。

值得注意的是，这些疾病不是因为患者免疫力不够；正好相反，是因为免疫力太强，才会导致器官受损。正确的治疗方式，是抑制或调节免疫力，使其回归均衡的状态，而不是服用增强免疫力的保健食品，让状况越来越严重。

不需要额外补充营养成分

目前有关保健食品的研究结果常常

相互矛盾，一会儿说可以治病，一会儿说会致命。身为消费者的你，到底该怎么办？哪些保健食品比较安全，怎么吃才可以让人安心？

维生素A危害“居冠”

研究报告显示，维生素A、β-胡萝卜素摄取过量，对身体造成的危害程度，高居所有维生素之首。

维生素A属脂溶性，易沉积于体内，对肝脏产生毒性；而一般人饮食中并不缺维生素A、β-胡萝卜素，从木瓜、红薯、胡萝卜、上海青、彩椒、龙须菜、香菇、黄豆等天然食物中，皆可轻松获得，因此无须额外从保健食品中补充维生素A。

抗氧化剂小心使用

抗氧化剂和免疫类保健食品，也要小心使用。抗氧化物可清除体内的自由基，达到预防疾病的效果。但近期研究发现，如果体内抗氧化物过量，反而会加速身体氧化，让自由基增加。只要多吃蔬果，就可以摄取足够的抗氧化物。

保健品和药物的交互作用

维生素和保健食品，经常会和一般用药（西药）发生交互作用，食用保健食品时要格外小心；尤其建议心、肝、肾有问题的人，使用前最好先咨询医生。

常见的药物交互作用：鱼油、大蒜、银杏和阿司匹林并用，会产生出血危险；减肥药“罗氏纤”会影响身体吸收脂溶性维生素，建议在吃药后3～4小时，再补充1颗维生素。

如果已经在服用某种保健食品和西药，建议两者都不要停掉，并和医生讨论如何调整，以免影响药物疗效。有些医生在看诊时发现，不少慢性病患者的情况控制得不是很好，原来是有时吃、有时不吃保健食品，影响药物浓度所致。

慢性病患者如何服用保健食品？

建议慢性病患者在服用保健食品前，先跟医生、药师讨论，并随时观察自己有无下列异常现象：

1. 皮肤发痒：可能是药物过敏。
2. 心血管病患者若发现早上刷牙会流血，或身上有瘀斑，表示有出血现象，最好去医院诊治。
3. 保肝类保健食品（如菇蕈类），会启动身体的“解药基因”，让药物失效，最好间隔3～4小时再服药。

营养均衡可使免疫力自然提升

从天然食材摄取均衡、全面的营养，是保持免疫功能良好的秘诀

不偏食，是强化免疫的关键

营养不均衡的人，整体免疫系统会变得衰弱，肺和消化道黏膜会变薄，抗体减少，不但容易引起感冒，腹泻的情形也会增加；而这种情形又会加重营养不良的情况，更严重的还会引发感染（如败血症等）。

良好的免疫能力，是决定个人健康与否的关键；而营养摄取的均衡和全面，则是维持免疫力的重点。

缺乏蛋白质，就没有足够抗体

“蛋白质”为维持免疫功能最重要的主角，是构成白细胞和抗体的主要成分。蛋白质严重缺乏者，无法生成足够的白细胞和抗体，免疫功能就会下降。

各种维生素、矿物质阻断病原体

维生素A：上皮和黏膜细胞是阻断病原体入侵的第一道防线，维生素A可使其健全，还参与捕捉破坏细胞的自由基。

B族维生素：和细胞正常的新陈代谢、生长分裂有关。人体缺乏B族维生素家族的任何一员，都会使细胞活性下降。

维生素C：能保护细胞，增强白细胞和抗体活性，更能刺激身体制造干扰素，破坏病毒，减少白细胞的损失。

维生素E：努力捕捉自由基，保护细胞膜完整，同时增加抗体数量。

微量元素：和免疫功能有关的微量元素有锌、硒、铜、锰等。现代人的饮食文化日趋精致，一不小心，微量元素就会摄取不足，免疫功能就会间接受到影响。

脂肪摄取过量，加速营养消耗

过量的不饱和脂肪酸会增加自由基，减弱免疫细胞功能；精致甜品、咖啡因会加速营养成分的消耗；酒精会抑制营养成分的吸收。因此，油炸食品、零食、汽水等，都可列入降低免疫力的黑名单内。

多吃天然食物有益健康

饮食均衡、不偏食，从天然食物摄取充足的营养，就是维持免疫功能良好的秘诀。要提升免疫力，多摄取酸奶、十字花科蔬菜（如芥蓝菜、油菜）、大蒜等食物有很好的功效。

从中医看免疫问题

传统医学使用自然疗法，针对不同体质，使用适合的中药材温和食补

正确饮食，适当保养

从中医的脏腑理论来看，肝、心、脾、肺、肾等脏腑都和免疫系统有关，需要适时保养，即所谓“圣人不治已病治未病”“预防重于治疗”。

在保养方面，中医的自然疗法，强调让器官保持正常运作，就能维持良好的免疫力；除非器官受到暂时性损伤，才需要以修复的方式调理。

中医认为，酸伤肝、咸伤肾、苦伤心、甘伤脾、辣伤肺。吃太过油腻、重口味的食物后，会加重体内脏腑的负担，长期累积，就会导致免疫系统失衡。

正确饮食很重要，睡眠充足，情绪保持稳定，就能维护身体健康，不容易感染疾病。

了解自身体质是保养重点

想通过药补加强免疫系统，首先要确定自己是属于寒、热、虚、实的哪种体质，才能使用对症的药材，既有效又快速地强化免疫力。

通过简易的“比较法”，可大概判断出自己的体质。对照本页下方表格，将本身常出现的症状圈出来，圈选最多者，就可知道较接近自己的体质。

各种体质常见症状&常用中药材

体质辨证	常见症状	常用中药材
寒性体质	❶ 不易口渴、喜欢喝热饮 ❷ 身体功能容易衰退	肉桂、桂枝、附子、干姜等
热性体质	❶ 易口渴、喜欢喝冷饮 ❷ 易紧张、兴奋，易得炎症，有便秘倾向	栀子、薄荷草、鱼腥草等
虚性体质	身体较虚弱无力，容易腹泻，体力较差	党参、白术、茯苓等
实性体质	体力充沛，肌肉结实，有口臭，易长青春痘，有便秘倾向	大黄、槐角等

芳香疗法增强免疫力

芳香精油可杀菌、提神醒脑，在身心保健上有良好的功效

来自大自然的神奇礼物

纯净的芳香精油，被认为有抗菌、活化细胞、促进细胞再生、帮助新陈代谢、舒缓情绪、舒解压力等功能，对于生理和心理层面皆有正面帮助。

我们都知道，身体器官运作正常，免疫力自然增强；科学研究也证实，情绪的舒缓对于提升免疫力十分有帮助。因此一般认为，通过芳香疗法，身体的免疫功能将获得改善。

芳香精油功效多

精油种类众多，每种精油疗效互异，尤加利树精油可预防轻微感冒；薄荷精油能提神醒脑、改善鼻窦炎症状；茉莉精油有助改善皮肤敏感、激发乳汁分泌；迷迭香精油可活化脑细胞；莱姆精油能抑制呼吸道细菌滋生、抗病毒；伊兰精油具有催情、抗菌的作用；手柑精油可治疗湿疹。

大家可根据自身需求，通过熏香、涂抹、嗅闻、泡澡、擦拭、喷洒等多种方式，让精油发挥其功效，帮助改善身体健康；另一方面，也可为生活增添情趣，提升居家品味。

用天然杀菌剂常保健康

现代人免疫力容易失衡，而环境中的毒素、细菌却无所不在，一不小心，身体就会受到感染。因此，具强烈杀菌效果的精油，特别受到人们的喜爱和关注。哪些精油热门？该如何使用更有效果呢？

常用精油❶ 茶树精油

从树叶和树枝中，以蒸馏法提炼出的茶树精油，气味清新，略带辛辣味，杀菌力强，可对抗皮癣菌、白色念珠菌和葡萄球菌等顽固菌种；对抗霉菌更有效，对于增强免疫力极有帮助。

由于茶树精油气味较辛辣，适合作为熏香或喷洒之用，可将2～3毫升洋甘菊或薰衣草精油混合使用，使气味较和缓。

保健功效

对抗霉菌、皮癣菌、白色念珠菌等顽强菌种。

注意事项

气味较辛辣，适合作为熏香或喷洒之用。

常用精油❷ 丁香精油

丁香是很好的抗菌、消毒、消炎剂，也是绝佳的驱虫剂。以丁香精油作为抗菌剂的历史由来已久，特别是用来预防传染性疾病。

丁香精油还可净化空气，具有绝佳的杀菌效果，不仅可预防呼吸道疾病，还能预防冬、夏季常见传染病。

有一点要特别注意，少量使用丁香精油可醒脑、杀菌、净化空气，但久熏或过量皆不宜。

保健功效

抗菌、消毒、消炎、驱虫、预防呼吸道疾病和冬、夏季常见的传染病。

注意事项

不宜久熏或过量，孕妇不宜使用。

常用精油❸ 百里香精油

百里香的主要作用是对抗细菌、微生物，缓解风湿、感染、痉挛；也可排毒、增进食欲、镇咳、强心、强化神经系统、刺激大脑细胞活力、增强记忆力，对于低落情绪也有改善的效果。

百里香气味略微辛辣，有发热效果，可祛痰；同时可提升免疫力。

保健功效

防腐、抗菌、镇咳、强化神经系统、刺激脑细胞活化。

注意事项

孕妇和高血压患者不建议使用。

常见精油应用方法

使用方式	精油使用说明
薰香	❶ **工具：** 宜选购市售薰香灯，或精油薰香专用瓶 ❷ **方法：** 点燃薰香灯底部的蜡烛，即可薰香杀菌，净化室内空气 ❸ **注意事项：** 选购精油时，应尽量使用天然质纯者，以免劣质精油吸入呼吸道中，影响脑神经
泡浴	在浴盆中，放入约2/3的水量，滴入精油，在香氛中浸泡5分钟以上即可
按摩	❶ **方法：** 将适合的精油滴于掌心，以掌心揉搓加热，在手指和脚后跟轻轻按摩3～5分钟 ❷ **功效：** 促进血液循环，强化免疫系统
喷雾消毒	❶ **方法：** 将茶树精油加入药用酒精、水充分混匀，喷洒在居家环境或常用物品上 ❷ **功效：** 杀菌、防虫 ❸ **注意事项：** 喷洒时应避开眼睛，以免引起眼睛不适

拒绝偏方，以免破坏免疫力

偏方、营养补充品，可能会刺激免疫反应，使病情恶化

想要疾病迅速痊愈，是人之常情，所以很多患者尝试正规的中医、西医疗法外，还会尝试使用或服用许多偏方，但若不小心，可能适得其反。

事实上，不管生病与否，都不应使用或食用来路不明的药物、营养品；若生病了，遵循医嘱、全力配合治疗，才是痊愈的关键。

偏方让干癣患者免疫爆发

根据报道，有一名干癣患者误信偏方，食用大量金针菇，刺激自体免疫大爆发，不仅全身皮肤红肿，血液还淤积于双腿，导致腿肿而无法站立，需住院治疗。

医师解答：干癣是自体免疫系统异常产生的疾病。患者免疫失调，造成身体异常，并不是单纯“免疫力不足”的状况；大量食用金针菇，反而让已经失衡的免疫功能更加失控。

偏方让癌症患者病情恶化

在癌症治疗过程中，免疫力会受影响，许多患者为求摆脱病魔而寻求偏方。

医师解答：有些偏方在提升免疫力的同时，也会刺激癌细胞生长，初期看似有效，但病情却在短期内急速恶化。

除了偏方，在癌症治疗时期，营养补充品也不可乱吃。放射性治疗或化学药物治疗，常会引发贫血；有不少患者为了补血就拼命摄取铁质，造成严重便秘，而摄取过多的铁，也会让胃肠道坏菌繁殖，影响免疫力。

偏方让乙肝患者免疫反扑

乙型肝炎患者吃非医师处方的西药、中药或药草等补品，期待能增强免疫力、拯救自己的肝脏，结果反而引发急性重症肝炎，加速病情恶化。

医师解答：乙型肝炎病毒携带者出现急性重症肝炎，大多和乱服用药物有关。免疫力一增强，反而刺激自体免疫系统反扑，引发急性重症肝炎。

为了不再让肝病恶化，“遵守医嘱，定期监测病况，不乱服偏方药物”才是肝病患者面对疾病时应该有的正确态度。

品质悦读 | 畅享生活